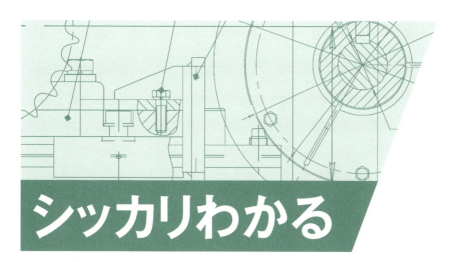

シッカリわかる

図面の解読と
略図の描き方

―機械図面の図形線を
きちんと読み取って
正しい略図を描く

河合 優 著

日刊工業新聞社

はじめに

　ものづくり系の会社を仕事の場に選んだ皆さんは、学生時代には出会わなかった"機械図面"が仕事場に氾濫している現実と出会います。大きな紙面に複雑怪奇な図形が描かれ、見たこともない奇怪な記号と数字が紙面いっぱいに溢れています。「ワー、こんなのわかんない」ではすみません。ものづくりは"機械図面"を基本として進行計画、予算管理、生産計画、品質計画、材料手配、プログラムなど多くの仕事ができあがり進んでいきます。"機械図面"はものづくりの基本なのです。

　"機械図面"に描かれている内容の一つ一つを先輩や上司に聞いて、図面から必要な情報を読み取る方法を身に着けていくこともできます。しかしながら、多忙な人たちが新社会人の皆さん方のために時間を割いてくれたらとても幸せなことですが、そのような幸せな場面に出会えなかったら、自分から独自に勉強することになります。

　本屋さんの店頭でこの本と出合った皆さん、インターネットの販売サイトでこの本と出会った皆さん、この本があれば図形の意味、記号の意味、数字の意味を読み取る方法を身に着けることができます。

　"機械図面"は図形線で面を表現します。この本は図形線を読み取って略図（ポンチ絵）を描く方法が解説してあります。略図を描くと図形で表している形をイメージすることができるようになります。簡単な形状から始めて、複雑な形状や内部に形状を持つ対象物へと略図を描く方法を学んでいきます。大きな紙面の複雑形状も、容易な部分から解読して、それらを結び付けていけば、全体を把握できます。奇怪な記号も数字も、ルールに基づいて描かれています。解説を読めば誰にでもわかるようにできています。この本を活用すれば"機械図面"から情報を読み取ることができるようになります。ぜひ活用してください。

目　次

はじめに　i

第1章　図面の解読に必要な知識

1-1　製図ではこのように線を使い分けている（線の種類と使い方）……2
 1-1-1　線の太さ………2
 1-1-2　線の種類と使い方………2
 1-1-3　線の優先順位………2
1-2　第三角法は見たままを表している（難しくありません）……5
 1-2-1　正面図の描き方………5
 1-2-2　平面図の描き方………9
 1-2-3　右側面図の描き方………12
1-3　第三角法は面を線で表している………14
1-4　線に囲まれたところが面（等角投影図は面を描く）………16

第2章　等角投影図と略図の描き方

2-1　いろいろな立体図法………18
 2-1-1　投影………18
 2-1-2　正投影………20
 2-1-3　等角投影図………20
 2-1-4　キャビネット図………21
 2-1-5　カバリエ図………21

  2-1-6 透視図 ·· 22
 2-2 等角投影法と斜方眼紙の使い方 ·· 23
 2-3 平面で構成された立体の等角投影図の描き方 ······················· 27
  2-3-1 直方体の描き方 ··· 27
  2-3-2 2段形直方体の描き方 ··· 27
  2-3-3 面の位置を探す ··· 30
  2-3-4 大きなブロックを描き小さなブロックを描き足す ··········· 31
  2-3-5 特徴のある（描きやすい）面から描く ························· 31
  2-3-6 第三角法と等角投影図の関係 ···································· 33
 2-4 円筒面のある立体の略図の描き方 ······································ 33
  2-4-1 円筒の描き方の基本 ··· 33
  2-4-2 多段円筒の描き方 ·· 34

第3章　図面から略図を描く

 3-1 平面と斜面の等角投影図 ·· 38
  3-1-1 斜面の描き方（斜面を残して作図）····························· 38
  3-1-2 斜面の描き方（直方体を切り取って斜面を作る）············ 39
  3-1-3 斜面の描き方（正面と奥行きから描く）······················· 39
  3-1-4 斜面の描き方（切断長さを算出して）·························· 40
  3-1-5 斜面の描き方（直方体に斜面を合体する）···················· 42
  3-1-6 斜面の描き方（直方体を2カ所切断）·························· 42
  3-1-7 斜面の描き方（面の位置を読み取る）·························· 43
  3-1-8 斜面の描き方（線の長さを算出して描く）···················· 43
  3-1-9 斜面の描き方（直方体の切り取り方）·························· 44
  3-1-10 斜面の描き方（正面図を正確に読み取る）··················· 46

3-1-11　斜面の描き方（形状は複雑だが手順は同じ）……………… 46
　3-2　円筒と円錐の等角投影図 ………………………………………… 49
　　3-2-1　円筒面の描き方（接続R）………………………………… 49
　　3-2-2　三次元CADのソリットモデル …………………………… 49
　　3-2-3　円筒面の描き方（複数の接続R）………………………… 50
　　3-2-4　円筒面の描き方（円筒面の切断）………………………… 50
　　3-2-5　円錐面の描き方 …………………………………………… 50
　3-3　穴の略図 ………………………………………………………… 50
　　3-3-1　円筒面と円筒穴 …………………………………………… 50
　　3-3-2　円筒面と菱フランジ ……………………………………… 55
　　3-3-3　円筒穴のある形体 ………………………………………… 55
　　3-3-4　長孔のある形体 …………………………………………… 57
　　3-3-5　複数の穴形状 ……………………………………………… 58
　　3-3-6　円形配置の穴 ……………………………………………… 59
　　3-3-7　円筒形状と方向違いの締め付け穴 ……………………… 59
　　3-3-8　平行面に通し穴 …………………………………………… 60
　3-4　(R)とは何か？ …………………………………………………… 62
　　3-4-1　(R)の指示のある指示図 …………………………………… 62
　　3-4-2　(R)の意味 …………………………………………………… 62

第4章　三角法の特例と図形表現の略図

　4-1　図形の省略 ……………………………………………………… 66
　4-2　断面にしない対象物 …………………………………………… 68
　4-3　部分表現 ………………………………………………………… 74
　4-4　ざぐり …………………………………………………………… 77

4–5 寄り道（立体モデルの活用） ································ 81

第5章　図形以外の決め事

5–1 大きさと大きさの誤差の決め事（寸法と寸法公差） ············ 86
　5–1–1 大きさのお約束 ·· 86
　5–1–2 大きさの誤差の許される範囲（普通公差） ·················· 87
　5–1–3 大きさの誤差の国際的取り決め（IT基本公差） ·············· 88
　5–1–4 大きさの誤差の組合せ（はめあい） ························ 90
5–2 その他の指示事項 ·· 93
　5–2–1 略図で表すねじ ·· 93
　5–2–2 図と要目表で表すばね ······································ 95
　5–2–3 何でつくるか記号で表す（金属、樹脂、焼きもの） ·········· 96
　5–2–4 金属を溶かして固める（溶接記号） ························ 98
　5–2–5 凹凸の大きさの指示（表面性状） ·························· 101
　5–2–6 形の誤差の許される範囲（幾何公差） ······················ 103

第6章　補足資料

6–1 練習問題 ·· 112
6–2 解答例 ·· 120

索引 ·· 128

図面の解読に必要な知識

1-1 製図ではこのように線を使い分けている
（線の種類と使い方）

　図面は、規格化された線の太さと種類をJIS規格に基づいて適宜使用して表現することにより、設計者の意図が製作者、受注者に正しく伝わる。図面による情報発信は、線の使い方が最も重要である。

1-1-1　線の太さ

　線の太さは0.13mmから2mmまでの9種類がJIS規格に規定されている。製図では、1枚の図面の中に細線、太線、極太線の3種類の太さの線を目的に合わせて使い分ける。その太さの比率は1：2：4を用いる。**表1-1**に線の種類及び用途（抜粋）を示す。

1-1-2　線の種類と使い方

　対象物の見える部分の形状を表す図形線は、外形線（用途名称）で太い実線（線の種類）で表す。略図を描くときは太い実線で描かれた部分を読み取る。対象物の見えない部分の形状を表す図形線は、かくれ線（用途名称）で細い破線（線の種類）で表す。まれにかくれ線を太い破線で描く設計者もいる。中心線など基準になる位置を表す線は、細い一点鎖線を用いる[注1]。

1-1-3　線の優先順位

　数種類の線が重なる場合に、次に示す線の優先順位に従って優先する種類の線を描く。

注1　そのほかの線の使い方は製図の本（例：機械製図CAD作業技能検定試験突破ガイド：河合優著　日刊工業新聞）を参考にしてください。

表1-1 線の種類及び用途（抜粋）

用途による名称	線の種類		線の用途
外形線	太い実線	———————	対象物の見える部分の形状を表すのに用いる。
寸法線	細い実線	———————	寸法記入に用いる。
寸法補助線			寸法記入するために図形から引き出すのに用いる。
引き出し線（参照線を含む）			記述・記号などを示すために引き出すのに用いる。
回転断面線			図形内にその部分の切り口を90°回転して表すのに用いる。
中心線			図形に中心線を簡略化して表すのに用いる。
かくれ線	細い破線又は太い破線	- - - - - - -	対象物の見えない部分の形状を表すのに用いる。
中心線	細い一点鎖線	—·—·—·—	a) 図形の中心を表すのに用いる。 b) 中心が移動する中心軌跡を表すのに用いる。
基準線			特に位置決定のよりどころであることを明示するのに用いる。
ピッチ線			繰り返し図形のピッチをとる基準を表すのに用いる。
特殊指定線	太い一点鎖線	—·—·—·—	特殊な加工を施すなど特別な要求事項を適用すべき範囲を表すのに用いる。
想像線	細い二点鎖線	—··—··—	a) 隣接部分を参考に表すのに用いる。 b) 工具、ジグなどの位置を参考に示すのに用いる。 c) 可動部分を、移動中の特定の位置又は移動の限界の位置で表すのに用いる。 d) 加工前または加工後の形状を表すのに用いる。 e) 図示された図面の手前にある部分を表すのに用いる。
重心線			断面の重心を連ねた線を表すのに用いる。
破断線	不規則な波形の細い実線又はジグザグ線	～／	対象物の一部を破った境界、又は一部を取り去った境界を表すのに用いる。
切断線	細い一点鎖線で、端部及び方向の変わる部分を太くした線	⌐·—·—·⌐	断面図を描く場合、その断面位置を対応する図に表すのに用いる。
ハッチング	細い実線で、規則的に並べたもの	//////	図形の限定された特定の部分を他の部分と区別するのに用いる。例えば、断面図の切り口を示す。
特殊な用途の線	細い実線	———————	a) 外形線及びかくれ線の延長を表すのに用いる。 b) 平面であることを×字状の2本の線で示すのに用いる。 c) 位置を明示又は説明するのに用いる。
	極太の実線	━━━━━━	圧延鋼板、ガラスなどの薄肉部の単線図示をするのに用いる。

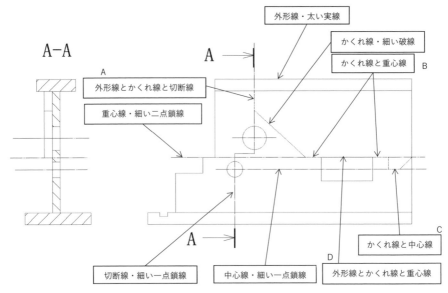

図 1-1 線の優先順位

優先順位を次に示す。このことを理解して図形線を解読する。
・外形線
・かくれ線
・切断線
・中心線
・重心線
・寸法補助線

図 1-1 において、A 部は、外形線とかくれ線と切断線が重なっており、外形線が図示されている。同様に、B 部は、かくれ線と重心線が重なっておりかくれ線が図示され、C 部は、かくれ線と中心線が重なっておりかくれ線が図示され、D 部は、外形線とかくれ線と重心線が重なっており外形線が描かれている。

1-2　第三角法は見たままを表している（難しくありません）

　日本の機械図面は、第三角法で描かれている。第三角法による図形表現は、**図1-2**に示したA方向から見た図を正面図（主投影図）とすると、見える線をそのまま描くことになる。側面図やそのほかの投影図も同様で、見える線をそのまま描けば図は完成する。実際には隠れて見えない部分の表し方などを習得する必要があるため順次解説する。**図1-2**に示した等角投影図を、**図1-3**に示した第三角法による表現に描いていく例で解説する。

1-2-1　正面図の描き方

　図1-4に示すように、等角投影図の"A"方向から見た図を正面図とするとき、等角投影図の"A"方向から見える線（イ）の長さを、図中の"a3"とし水平に描く。線（ロ）は線（イ）と並行で線の長さ、左右の位置関係は同じで、線の間隔は図中の"a1"である。線（ハ）は線（イ）の左端から下に引き線の長さは、図中の"a1"と"a2"の和である。**図1-5**に示した線（ニ）は線（ハ）の下端から右に引き、長さは図中の"a4"である。線（ホ）は線（イ）の右端

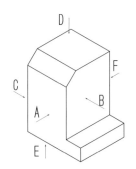

図1-2　等角投影図の図示例

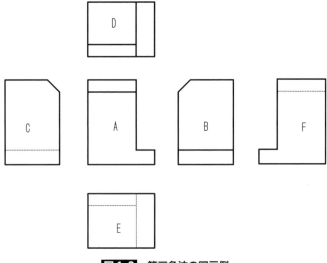

図1-3 第三角法の図示例

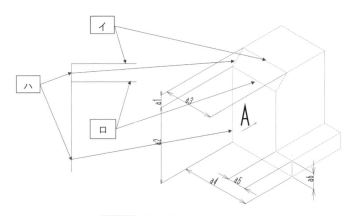

図1-4 等角投影図から正面図Ⅰ

から下側に引き、図中の"a1"と"a2"の長の和から"a6"を引いた長さである。図1-6に示した線（ヘ）は線（ホ）の下端から右側水平に引き、図中の

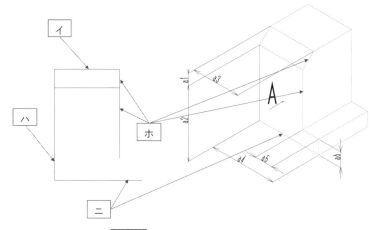

図 1-5 等角投影図から正面図Ⅱ

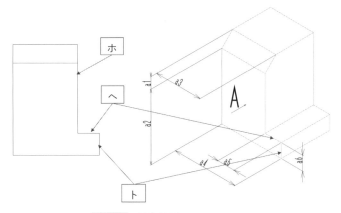

図 1-6 等角投影図から正面図Ⅲ

"a5"の長さである。線（ト）は線（ヘ）の右端から下に引き、線（ニ）と合流して完成である。線（ハ）及び線（ホ）は等角投影図上では2本で構成されているが、"A"方向から投影すると1本の線となる。

注意事項

　図1-4に示した線（イ）と線（ロ）の間隔は、線（ハ）の斜め部分の等角投影図の図形長さでなく、"A"方向からの投影長で、図中の"a1"となる。

　図1-7に示した等角投影図にある線（あ）は線（イ）に重なり描く必要はない。同様に線（い、う、え）は線（ホ、ヘ、ト）に重なり描く必要はない。

　図1-8に示した等角投影図にある線（か）は図1-5に示した線（イ）と線（ハ）の交点となり描く必要はない。同様に線（き）は線（イ）と線（ホ）の

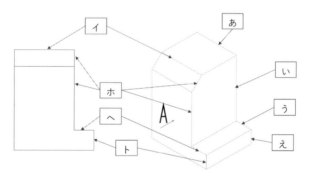

図1-7　等角投影図から正面図Ⅳ（見えない稜線①）

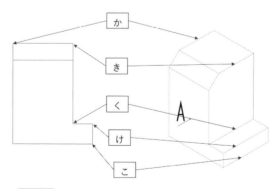

図1-8　等角投影図から正面図Ⅴ（見えない稜線②）

交点、線（く）は図1-6に示した線（ヘ）と線（ホ）の交点、線（け）は線（ヘ）と線（ト）の交点、線（こ）は線（ニ）と線（ト）の交点となり描く必要はない。

1-2-2　平面図の描き方

図1-9に示すように、等角投影図の"D"方向から見た図を平面図とするとき、等角投影図の"D"方向から見える線（イ）の長さを、図中の"d5"とし水平に描く。線（ロ）は線（イ）と並行で線の長さ、左右の位置関係は同じで、線の間隔は図中の"d3"である。線（ハ）は線（イ）と並行で線の長さ、左右位置関係は同じで、線の間隔は図中の"d4"である。線（ニ）は線（イ）の左端から垂直に引き、線（ハ）に合流して止める。図1-10に示した線（ホ）は線（イ）の右端から下側に引き、線（ハ）に合流して止める。線（リ）は線（イ）の右端から水平に引き、図中の"d1"の長さまで描く。線（チ）は線（ハ）の右端から水平に引き、図中の"d1"の長さまで描く。線（ヘ）は線

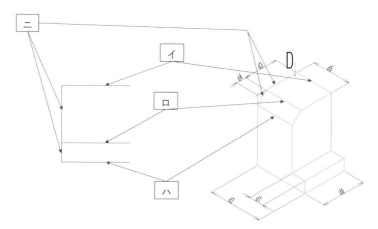

図1-9　等角投影図から平面図I

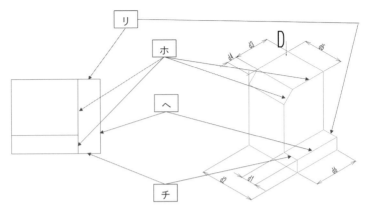

図 1-10 等角投影図から平面図Ⅱ

(リ) の右端と線 (チ) の右端を連結して完成である。線 (ニ) 及び線 (ホ) は等角投影図上では2本で構成されているが、"D"方向から投影すると1本の線となる。

> **注意事項**
>
> 　図 1-9 に示した線 (ロ) と線 (ハ) の間隔を線 (ニ) の斜め部分の等角投影図の図形長さでなく、"D"方向からの投影長で、図中の"d4"となる。
> 　図 1-9 に示すように、等角投影図にある"D"方向から見た図を平面図とするとき、等角投影図の"D"方向から見える線 (イ) は図中の"d5"の長さを正しい比例関係で描き、線 (ニ) の長さは図中の"d3""d4"を合計した長さと正しい比例関係で描き、線 (ロ) と線 (ハ) の間隔は図中の"d3"と正しい比例関係で描く。図 1-10 の線 (チ)、線 (リ) は図中の"d1"の長さと正しい比例関係で描く。図中の"d2"は"d1""d5"を合計したものとなる。続いて線 (ニ、ホ、ヘ、ト) と描いてゆくと平面図ができあがる。
> 　図 1-11 に示した様に等角投影図にある線 (あ) は線 (ヘ) に重なり描く必

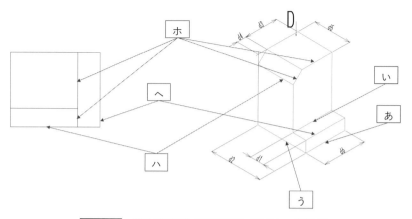

図 1-11 等角投影図から平面図Ⅲ(見えない稜線①)

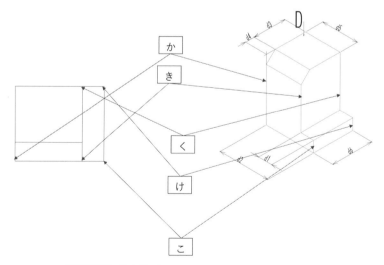

図 1-12 等角投影図から平面図Ⅳ(見えない稜線②)

要はない。同様に線（い、う）は線（ホ、ハ、チ）に重なり描く必要はない。線（ニ、ホ）は等角投影図上では2本の線ですが、平面図上では同一線上に並び1本の線（ニ、ホ）となる。

　図1-12に示したように、等角投影図にある線（か）は線（ニ）と線（ハ）の交点となり描く必要はない。同様に線（き）は線（ハ）と線（ホ）の交点、線（く）は線（イ）と線（ホ）の交点、線（け）は線（リ）と線（ヘ）の交点、線（こ）は線（チ）と線（ヘ）の交点となり描く必要はない。

1-2-3　右側面図の描き方

　図1-13に示すように、等角投影図の"B"方向から見た図を右側面図とするとき、等角投影図の"B"方向から見える線（イ）の長さを、図中の"b2"とし水平に描く。線（ト）は線（イ）の右端から下へ引き、線の長さは図中の"b5"である。図1-14に示した様に線（ヘ）は線（ト）の下端から下へ引き、線の長さは、図中の"b4"である。線（ホ）は線（ヘ）の下端から左側へ水平に引き、線（ホ）の長さは図中の"b1"である。線（ニ）は線（ホ）の左端か

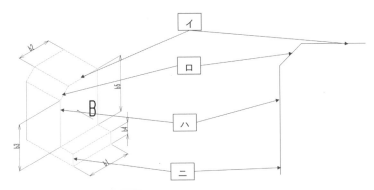

図1-13　等角投影図から右側面図Ⅰ

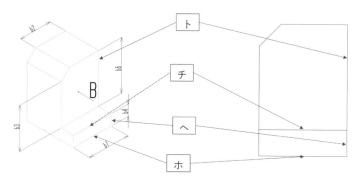

図 1-14 等角投影図から右側面図Ⅱ

ら上側に引き、図中の"b4"の長さである。線（チ）は線（ニ）の上端から右側に水平に引き、図中の"b1"の長さである。線（ハ）は線（ニ）の上端から上に引き、線の長さは図中の"b3"である。線（ロ）は線（イ）の左端と線（ハ）の上端を接続して完成である。

注意事項

図 1-15 に示した様に等角投影図にある線（あ）は線（イ）に重なり描く必要はない。同様に線（い、う、え）は線（ロ、ハ、チ）に重なり描く必要

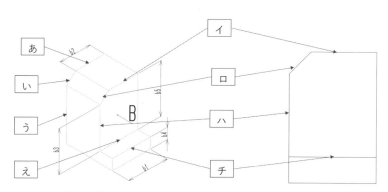

図 1-15 等角投影図から右側面図Ⅲ（見えない稜線①）

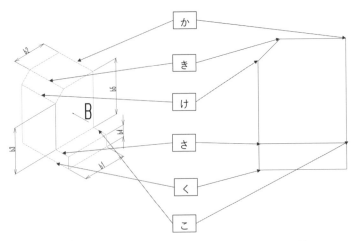

図 1-16 等角投影図から右側面図Ⅳ（見えない稜線②）

はない。図 1-16 に示したように、等角投影図にある線（か）は線（イ）と線（ト）の交点となり描く必要はない。同様に線（き）は線（イ）と線（ロ）の交点、線（け）は線（ロ）と線（ハ）の交点、線（く）は線（ニ）と線（ホ）の交点、線（こ）は線（チ）と線（ヘ）の交点、線（さ）は線（チ）と線（ニ）の交点となり描く必要はない。

　このような手順で図 1-3 に示した正面図（A）、平面図（D）、右側面図（B）を描くことができる。

1-3　第三角法は面を線で表している

　図 1-17 に示したように正面図を構成する線（イ、ロ、ハ、ニ、ホ、ヘ）は面（A）を取り囲む面を表している。このうち面（ホ）は等角投影図で示されていない矢視方向（E）にある面であり、面（ヘ）は矢視方向（C）にある面である。面（あ）は正投影方向と正対していない斜面であり面（A）の上部に位

置することが図示されている。線（ト）は面（A）と面（あ）の稜線である。

　図形線が面を表していることから寸法（面と面の位置関係を示す）や、表面性状の指示記号を指示することができる。

> **注意事項**
>
> 　図1-12において"ホとヘ"から出た矢印部を不規則な線で囲んである意味は矢印の当たった面を指示するのではなく、その面を破って裏側の面"CとE"を指示している。不規則な線は対象の面を破ったことを表している。

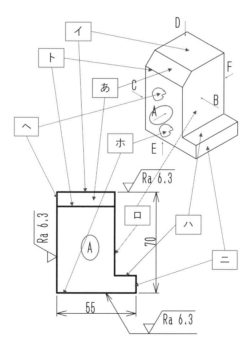

図1-17　第三角法の線は面を表している

1-4　線に囲まれたところが面（等角投影図は面を描く）

　図 1-18 に示したように等角投影図で面（A）を表現するために、面（A）と面（あ）の稜線（イ）を描き、同様に面（A）と面（C）の稜線（ロ）を描き、面（A）と面（E）の稜線（ハ）を描き、面（A）と面（う）の稜線（ニ）を描き、面（A）と面（い）の稜線（ホ）を描き、面（A）と面（B）の稜線（ヘ）を描くと面（A）ができあがる。等角投影図では稜線を描き、稜線に囲まれた面を表現している。

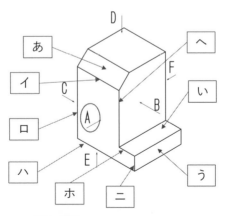

図1-18　等角投影図は面を描く

第2章

等角投影図と略図の描き方

2-1 いろいろな立体図法

　図示する対象物を平面に表す方法は、いろいろな投影法が用いられているが、その方法と手法の特徴を解説する。

2-1-1 投影

　透視投影では対象物を見る目の位置を視点として、対等物と視点の間にガラス板を置いたとすると、対象物を見るとき視点から出た視線がガラス面に達した位置に映像ができると考えると、図 2-1 に示した映像を得る。この方法は人間が対象物を見る状況と一致しており、見える映像をそのまま正しく表している。同じ大きさの対象物も近くにあると大きな映像となり、遠くにあると小さな映像となる。

　機械製図においては、図と対象物の大きさの比例関係を正しく表現すること

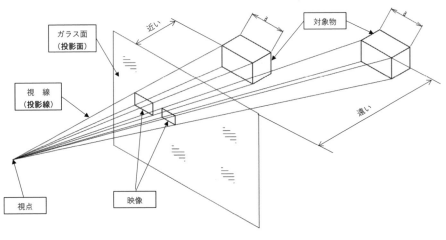

図 2-1 透視投影

第2章 等角投影図と略図の描き方

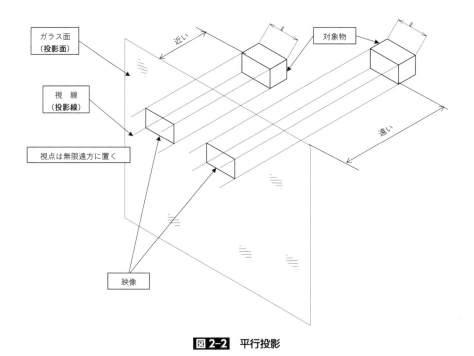

図 2-2 平行投影

が求められており、この方法が人間の直感と最も近いが、機械製図には使えない。

　平行投影では**図 2-2** に示したように　視点の位置を無限遠点に定義すると、機械製図に必要な図形の大きさが対象物と適正な比例関係を維持して描かれる。遠くにある対象物も近くにある対象物も、同じ大きさの対象物は同じ大きさの図形となり、適正な比例関係で映像化できる。第三角法の図形の描き方は、見えている対象物をそのまま描くことであり、適切な比例関係を保つことができる方法として用いられている。

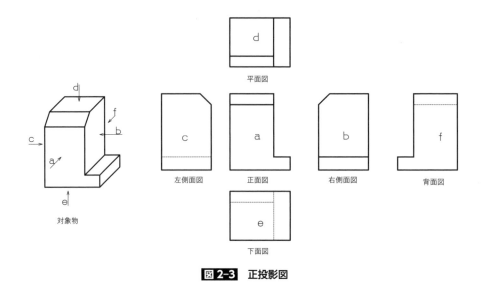

図 2-3 正投影図

2-1-2 正投影

　6つの平面を基本にできている対象物を、平面上に正確に描くことができる6つの方向から描くことを正投影という。第三角法ではこの方法で図形を描いている。**図 2-3** に示したように、対象物の特徴を最もよく表す方向を正面図（a）といい、その右から見た図を右側面図（b）、左から見た図を左側面図（c）、上から見た図を平面図（d）、下から見た図を下面図（e）、後ろから見た図を背面図（f）という。図形を描く場合は正投影方向から描くことから、投影図は正投影図である。

2-1-3 等角投影図

　等角投影図は**図 2-4**に示したように、正三角形でつくられた斜方眼紙に、投影面を120度に分割して、正面図、平面図、右側面図と描いていく。斜方眼紙

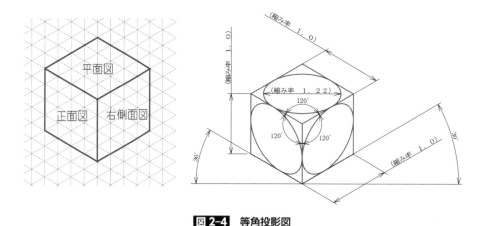

図2-4 等角投影図

のマス目を基準にすると、楕円の長径は1.22倍となる。詳細は第2章2項に示した。

カタログや取扱説明書にテクニカルイラストレーションの図を用いることにより、形状や機能を容易に理解できるようになる。テクニカルイラストレーションは等角投影図に、陰影を加え、線の太さを工夫してより立体的に見えるような工夫がしてある。

2-1-4　キャビネット図

図2-5に示したように、対象物の正面を正投影で表し、奥行き方向を斜め45度に表した斜投影図で、奥行きの長さを実長の50％で描いたものをキャビネット図という。人の直感に近い図形となり、簡易的に立体を表す方法として取扱説明書などに使われている。

2-1-5　カバリエ図

図2-6に示したようにキャビネット図と同様な手法で、奥行き方向の長さを実長の100％で描いたものをカバリエ図という。カバリエ図は、取扱説明書な

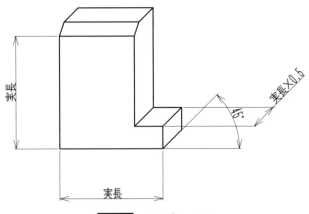

図 2-5 キャビネット図

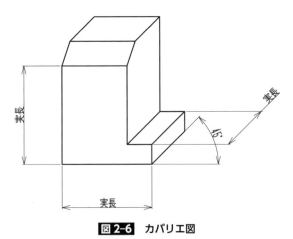

図 2-6 カバリエ図

どの比較的単純な形状を図示するときに用いられている。

2-1-6 透視図

透視図は建造物などの外観を人間の見た目の直感に近い方法で描いたもので、

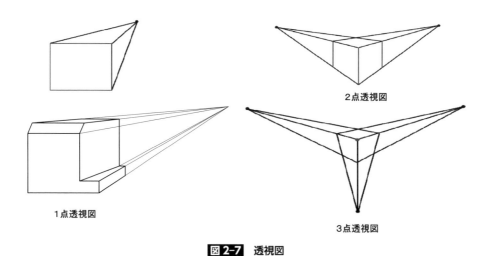

図 2-7 透視図

消失点の数により、1点透視図、2点透視図、3点透視図が定義されており、建築や土木の分野で外観図として広く用いられている（**図 2-7**）。

2-2　等角投影法と斜方眼紙の使い方

図 2-8 に正三角形を並べた斜方眼紙の例を示す。斜方眼紙で120度に分割さ

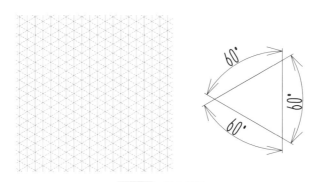

図 2-8 斜方眼紙

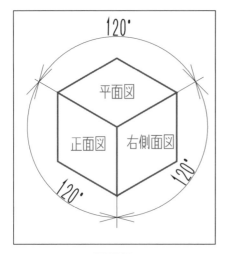
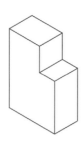

図 2-9 平面図形の描き方と事例

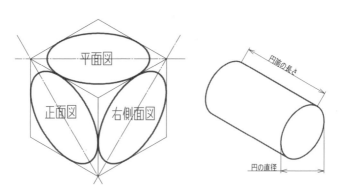

図 2-10 円形の描き方と事例

れた3つの領域を用いて3つの投影図を描き立体形状を表す。**図 2-9** に示したように、投影図における正方形はひし形で表され、うち2本の線は隣の投影図と共通線となっている。円を表す場合は**図 2-10** に示したように、ひし形に内接する楕円として表す。円筒面を表す線は、二つの楕円の共通接線で表す。

ワンポイント

接線とは円や楕円など幾何学的に定義可能な形状に接する線のことで、図2-11に示したように円の接線に垂線を描くと円の中心点に集まる。円に接線は無限に描くことができる。図2-12に示したように、同じ大きさの二つの円に接する接線は2本存在し、円の中心点を結んだ線と平行になり、これを2つの円の共

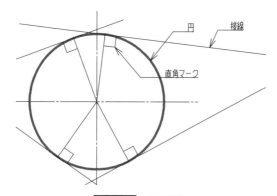

図2-11 円の接線

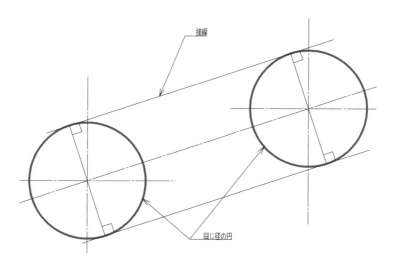

図2-12 円の共通接線Ⅰ

通接線という。円の大きさが異なっていた場合は、同様に2本の共通接線を描くことができる。図2-13に2つの円の共通接線を示した。等角投影図では円の図形を楕円で表し、図2-14に示した円筒面を楕円の共通接線で表すことができる。

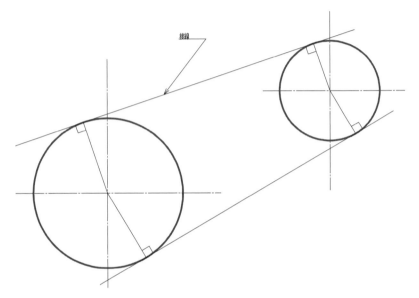

図 2-13 円の共通接線 Ⅱ

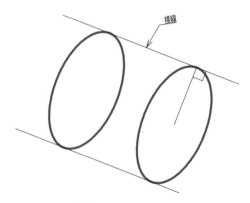

図 2-14 楕円の共通接線 Ⅰ

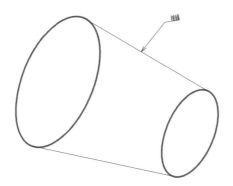

図 2-15 楕円の共通接線 Ⅱ

図 2-15 に示したように楕円の大きさが異なる場合も楕円の共通接線を定義でき、円錐の一部を切り取った形状を表すことができる。

2-3 平面で構成された立体の等角投影図の描き方

2-3-1 直方体の描き方

図 2-16 に示した直方体の第三角法の図は、等角投影図では3つの面を基本配置のように描き、各面で長方形は図に示したように平行四辺形となる。正面図の横辺の長さ"30"と縦辺の長さ"50"を写し取り、正面図の位置に4辺を描く。右側面図は横辺の長さ"50"を描き、それに合わせて2辺を描き右側面図となる。平面図は正面図の横辺を右側面図の右上に追記し、右側面図の横辺を正面図の左上から追記するとできあがる。

2-3-2 2段形直方体の描き方

図 2-17 に示した第三角法の図から等角投影図を描く手順を示す。正面図の

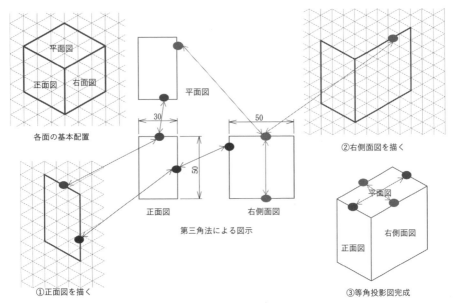

図 2-16 第三角法から等角投影図を描く

　下辺"あ"の長さは平面図の寸法"い"を読んで、等角投影図に"う"を描く。縦線"か"は正面図の寸法"き"を読んで、等角投影図に"く"を描く。縦線"さ"は正面図の寸法"し"を読んで、等角投影図に"す"を描く。横線"た"は平面図の寸法"い"から"ち"引いて寸法を計算して、等角投影図に"つ"を描く。縦線"な"は正面図の寸法"し"から"き"を引いて寸法を計算して、等角投影図に"に"を描く。横線"は"は平面図の寸法"ち"を読んで等角投影図に"ひ"を描く。これで正面図が完成する。

　右側面図の"ア"を描くために長さの情報を平面図の"イ"から得て、等角投影図に"ウ"の線を線"す"の上下端から各1本描く。線"ウ"の右端をつなぐ線"カ"を描いて右側面図ができあがる。

　平面図の"A"は等角投影図の"ひ"と平行に同じ長さで描く。"B"は左側

■第2章 等角投影図と略図の描き方

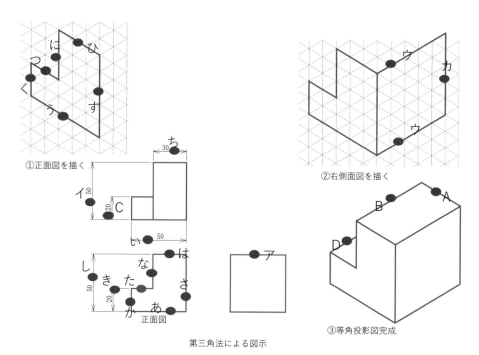

図2-17 第三角法から等角投影図を描く（2段形直方体）

面図の"ウ"と平行に同じ長さで描く。等角投影図の"く"と"つ"交点から線"D"を描く。描く長さは平面図の"C"から読み取る。ただし、この例では終端は表れない。

🖐 ワンポイント

　機械製図の寸法記入は必要かつ不可欠の個所に記入する。主影影図に記入してある寸法を、平面図に記入することを"重複寸法"といい、してはいけない。等角投影図を描くうえで、正面図に寸法が記入されていない場合は、そのほかの図にある寸法を探して描く。平面図、右側面図も同様でほかの図にある寸法を探して描く。

2-3-3 面の位置を探す

図 2-18 に示した第三角法の図から等角投影図を描く手順を示す。正面図の下辺"あ"の長さは平面図の"い"と"う"を読んで計算し、等角投影図に"え"を描く。縦線"か"は右側面図の寸法"き"を読んで、等角投影図に"く"を描く。縦線"さ"は右側面図の寸法"き"と"し"を読んで計算し、等角投影図に"す"を描く。横線"た"は平面図の寸法"い"から、等角投影図に"ち"を描く。縦線"な"は右側面図の寸法"し"から、等角投影図に"に"を描く。横線"は"は平面図の寸法"う"を読んで等角投影図に"ひ"を描く。これで正面図が完成する。

右側面図は"r""y"の2つの平面があり、その位置を読み取る方法を解説す

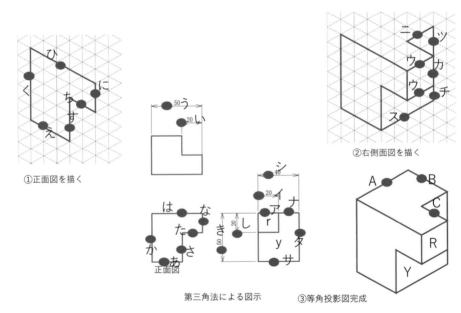

図 2-18 第三角法から等角投影図を描く（面の位置を探す）

る。この例は基本的なことから難易度は高くないが、基本事項であり正しく理解する。面は手前から解読し、描いていくことにより作図上の無駄がない手順となる。右側面図の"ア"を描くために長さの情報を右側面図の"イ"から得て、等角投影図に"ウ"の線を２本描く。線"ウ"の右端をつなぐ線"カ"を描いて面"R"ができあがる。右側面図の面"r"が、等角投影図の面"R"となる。右側面図の"サ"は、寸法"シ"で等角投影図に"ス"を描く。線"ス"の右端から線"タ"を長さ"き"だけ上方に描くと、等角投影図上の"チ"と"ツ"になる。線"ツ"の上端から左へ線"ナ"に相当する線を線"シ"から線"イ"を引いた長さで描く。これにより面"Y"ができ右側面図ができあがる。

平面図は等角投影図の"く"と"ひ"の交点から右側へ"シ"に相当する長さ"A"を描く。線"A"の右端から手前に等角投影図の線"え"に相当する長さ描くと、線"ニ"と合流する。線"ニ"の左端から手前に線"C"を描くと、線"ウ"と合流し、等角投影図が完成する。

2-3-4　大きなブロックを描き小さなブロックを描き足す

図 2-19 に示したように、左側の大きなブロックに右側の小さなブロックがついた形状である。描く手順は大きなブロックの正面図を"あ、い、う、え"と描き、左側面図を"か、き、く"と描き、平面図を"さ、し"と描く。次に小さなブロックは正面図を"ア、イ、ウ、エ"と描き、右側面図を"カ、キ、ク"と描き、平面図を"サ、シ"と描く。小さなブロックに隠れて見えなくなる線を消去して等角投影図が完成する。

2-3-5　特徴のある（描きやすい）面から描く

図 2-20 に示すように最も特徴のある形状が右側面図にあることから、右側面図を"あ、い、う、え、お、か"と描き、右側面図の"あ"と"い"の交点、"い"と"う"の交点、"う"と"え"の交点、"お"と"か"の交点から奥行き

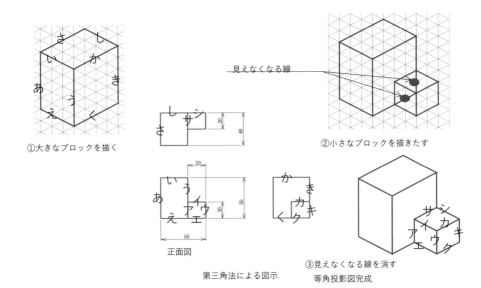

図 2-19 第三角法から等角投影図を描く（二つのブロックで描く）

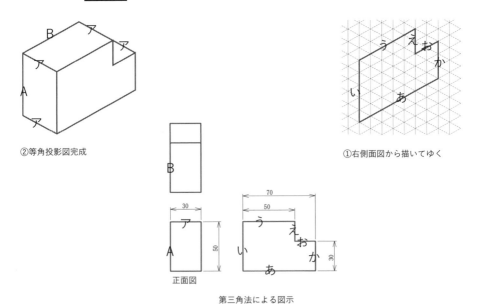

図 2-20 第三角法から等角投影図を描く（描きやすい面から描く）

第 2 章　等角投影図と略図の描き方

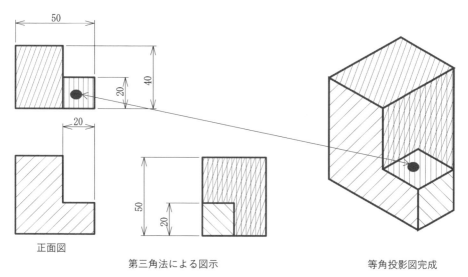

図 2-21　第三角法から等角投影図を描く（ハッチングで関連を示す）

方向に長さ"ア"を描き、その先端を線"A"と線"B"で連結すると等角投影図が完成する。

2-3-6　第三角法と等角投影図の関係

等角投影図は面を捉えて描く、**図 2-21** に示したように、第三角法の図にハッチングと、等角投影図のハッチングを比較して関係性を理解する。

2-4　円筒面のある立体の略図の描き方

2-4-1　円筒の描き方の基本

図 2-22 に示したように円筒の描き方は、斜方眼紙の円形を描く面に円筒の直径"あ"に相当するひし形"い"を描き、ひし形に内接する楕円を描く。円

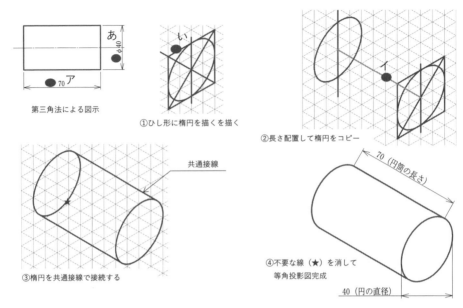

図 2-22 第三角法から等角投影図を描く（円筒の描き方基本）

筒な長さ"ア"に相当する位置"イ"に楕円をコピー配置する。楕円の配置をするときに、中心の位置で距離を測るようにする。2つの楕円の共通接線を描き、共通接線により消される楕円の一部（★）を消去して等角投影図が完成する。

2-4-2　多段円筒の描き方

図 2-23 に示したように、正面図の位置に円筒の直径"あ"に相当するひし形"い"を描き、内接する楕円を描く。描いた楕円の中心"ア"から、連続する円の中心位置"イ"を位置取りして、実際の大きさに合わせた楕円を配置する。配置した楕円に円筒面に相当する共通接線で接続し、不要な線を消去して等角投影図が完成する。

第2章 等角投影図と略図の描き方

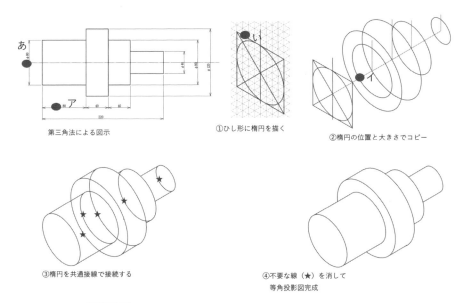

第三角法による図示

①ひし形に楕円を描く

②楕円の位置と大きさでコピー

③楕円を共通接線で接続する

④不要な線（★）を消して等角投影図完成

図 2-23 第三角法から等角投影図を描く（多段円筒の描き方）

第3章

図面から略図を描く

3-1 平面と斜面の等角投影図

3-1-1 斜面の描き方（斜面を残して作図）

図3-1に示した、斜面"D"を有する立体形状の等角投影図を描く場合に、投影方向にある面"A""B""C"を①、②の手順で描き、それに斜面"D"を描くことで③に示した等角投影図が完成する。

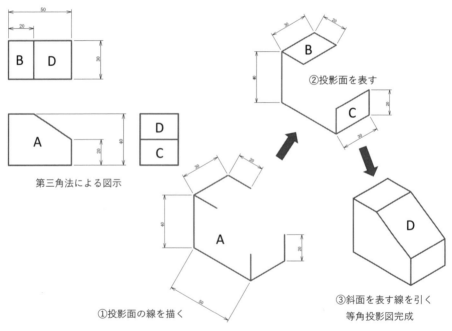

図3-1 第三角法から等角投影図を描く（斜面残して作図）

3-1-2 斜面の描き方（直方体を切り取って斜面を作る）

図3-2に示す様に、斜面のない全形を等角投影図に表し、投影方向にある面"A""B""C"を含む①の図形ができる。続いて②に示した面"B""C"の稜線を描き、③に示した斜面を表す線を引き、不要な線を消去すると等角投影図④ができあがる。

3-1-3 斜面の描き方（正面と奥行きから描く）

図3-3に示す第三角法の図には正面図の形状と、奥行きの図が示されている。

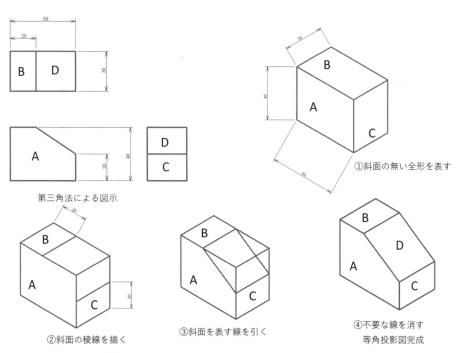

図3-2 第三角法から等角投影図を描く（切断して斜面を作る）

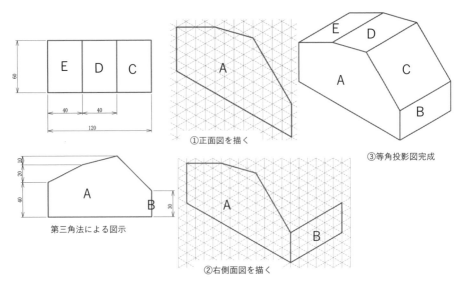

図3-3 第三角法から等角投影図を描く（斜面のある対象物Ⅲ）

斜方眼紙に①の正面図"A"の図形を描き、②の右側面図"B"で奥行き方向の図形を描き、平面"C""D""E"に相当する図形を描くと、③の等角投影図ができあがる。

3-1-4 斜面の描き方（切断長さを算出して）

図3-4 に示す第三角法の図から等角投影図を描く場合重点は、面"A"と面"D"の位置関係を把握すること、斜面"E"により切り取られた面"B"と面"C"の稜線の長さ"あ"を算出することである。

面"A"の大きさ"キ"は第三角法の図の寸法"イ"に示されている。面"D"の位置"ク"と"ケ"と"コ"は第三角法の図の寸法"オ"と"カ"及び"ウ"と"エ"、"ア"と"イ"から算出できる。これらの寸法"キ、ク、ケ、コ"を使って面"D"の右上端の位置が特定されて、面"D"を作図することができ

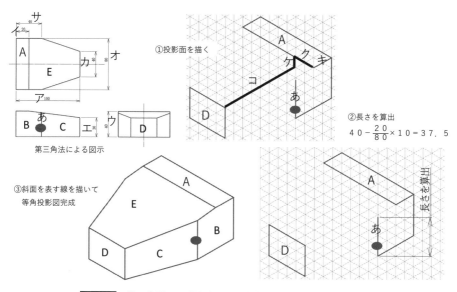

図3-4 第三角法から等角投影図を描く（斜面のある対象物Ⅳ）

る。

面"B"と面"C"の稜線の長さ"あ"は

$$あ = 40 - \frac{20}{80} \times 10 = 37.5$$ となる。

ここで"40"は面"E"の傾斜が始まる高さ寸法"ウ"、"20"は面"E"の傾斜が始まった位置から面"C"の傾斜が始まる位置で寸法"サ"と"イ"から算出され、"80"は面"E"の正面図の深さ方向の寸法で"ア"と"イ"から算出され、"10"は面"E"の平面図方向の深さ寸法で"ウ"と"エ"から算出される。稜線の長さ"あ"を作図し、上端と面"A"の端とつないで面"B"の図形ができあがり、面"D"の端とつないで面"C"の図形ができあがる。同様の作図を上側で行うと、面"E"の図形ができあがり、等角投影図ができあがる。

3-1-5　斜面の描き方（直方体に斜面を合体する）

図3-5に示すように対象物は直方体に斜面を含む立体が取り付いている。面"A"を含む直方体を描き、斜面"B"を含む形体を描き、不要な線"★"を消去して等角投影図ができあがる。

3-1-6　斜面の描き方（直方体を2カ所切断）

図3-6に示すように対象物は直方体を2カ所で切断して斜面を作った形状である。①の切断前の直方体を描き、②の斜面を描き、不要になった線を消去すると、③に示した等角投影図ができる。

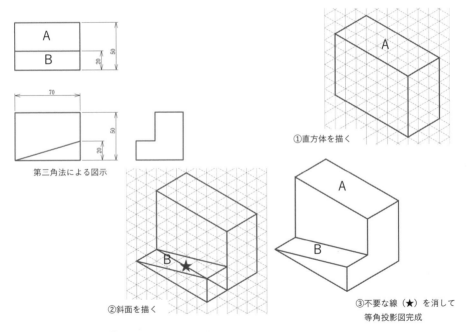

図3-5　第三角法から等角投影図を描く（斜面のある対象物Ⅴ）

■第3章　図面から略図を描く

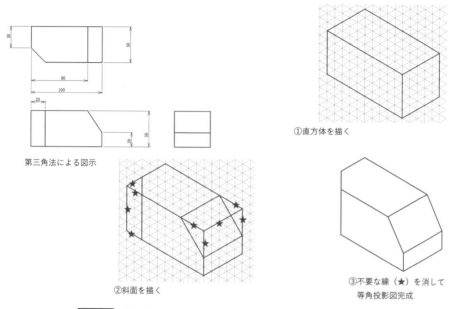

図 3-6　第三角法から等角投影図を描く（斜面のある対象物Ⅵ）

3-1-7　斜面の描き方（面の位置を読み取る）

　図 3-7 に示す様に対象物は直方体の先端を4面切断した形状を示している。面"A"を含む直方体を描き、面"B"の位置"ア、イ、ウ"を第三角法の図の寸法"エ、オ、カ、キ"から読み取って作図する。寸法"ア"は正面図の"エ"から"オ"を引き、寸法"イ"は平面図の"カ"であり、寸法"ウ"は正面図の"キ"である。面"C"と"D"を描き、不要になった線"★"を消去すると等角投影図ができあがる。

3-1-8　斜面の描き方（線の長さを算出して描く）

　図 3-8 に示すように正面図を描くときに必要な中央の線の長さ"あ"は

43

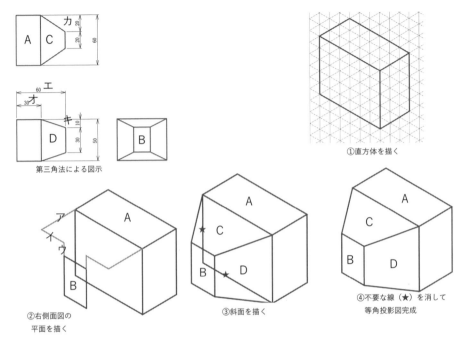

図 3-7 第三角法から等角投影図を描く（斜面のある対象物Ⅶ）

$$あ = 60 - \frac{20}{50} \times 30 = 48$$

ここで"60"は面"E"の高さ寸法"ア"、"20"は面"C"と"E"の距離"ウ"、"50"は面"D"と"E"の距離"ウ"と"エ"の和、"30"は面"D"と"E"の高さの差で寸法"ア"と"イ"の差である。この寸法を使って面"A"と"B"を作図し、面"C"と"D"を描き、面"F"を描けば等角投影図ができあがる。

3-1-9　斜面の描き方（直方体の切り取り方）

　図3-9に示すように直方体を描き手順に従って切断線を描き、不要な線を消

■第3章 図面から略図を描く

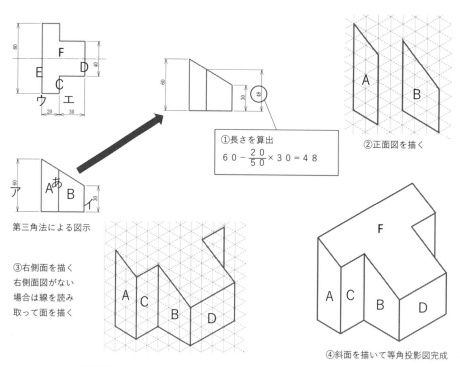

①長さを算出
$$60 - \frac{20}{50} \times 30 = 48$$

②正面図を描く

第三角法による図示

③右側面を描く
右側面図がない
場合は線を読み
取って面を描く

④斜面を描いて等角投影図完成

図3-8 第三角法から等角投影図を描く（斜面のある対象物Ⅷ）

して等角投影図を作る。線"あ"は寸法"ア"の位置から左側へ長さ"イ"で作図し、線"い"は線"あ"の左端から直方体の手前上の角から寸法"イ"と"ウ"の和の位置接続する。線"う"は線"い"の左端から下へ寸法"オ"と"エ"の差分で描き、線"え"は線"う"の下端から右へ直方体の大きさだけ描く。線"お"は線"え"の右端から寸法"ア"だけ描き、線"か"は線"お"の右端から上方へ直方体の大きさ文描く。線"き"は線"お"の右端から線"あ"と平行に同じ長さ描き、線"く"は線"き"の左端から線"い"と平行に同じ長さ描く。線"く"は線"あ"と"い"の交点から下へ、線"き"と"く"の交点まで描く。切断線により切り取られる不要な線を、消去すると等角投影

45

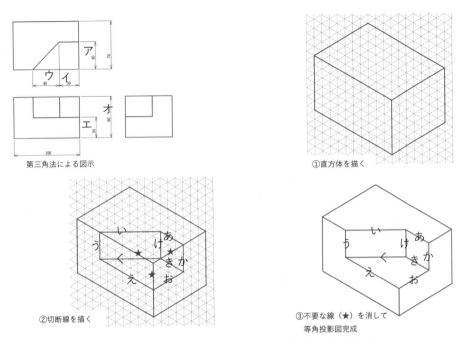

図 3-9 第三角法から等角投影図を描く（斜面のある対象物Ⅸ）

図となる。

3-1-10 斜面の描き方（正面図を正確に読み取る）

図 3-10 に示すように第三角法の図から正面図"A"を読み取り描き、奥行き方向の長さは一定であり、左側面図"B"を描き、投影方向にある平面"C"と"D"を描き、斜面"E"を描き、溝部"F"を描くと等角投影図ができある。斜面"E"の対面は面"D"にかくれて見えない。

3-1-11 斜面の描き方（形状は複雑だが手順は同じ）

図 3-11 に示すように第三角法の図から正面図"A"を読み取り描き、奥行

第3章 図面から略図を描く

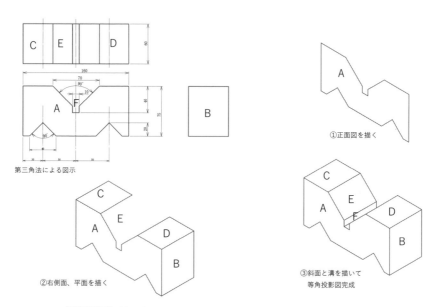

図 3-10 第三角法から等角投影図を描く（斜面のある対象物Ⅹ）

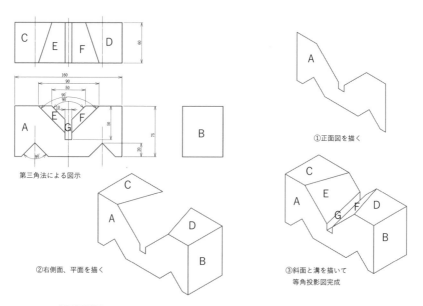

図 3-11 第三角法から等角投影図を描く（斜面のある対象物Ⅺ）

47

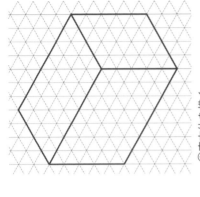
①直方体を描く

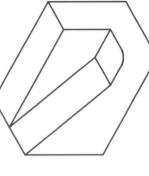
④合体させて不要な線を消して等角投影図完成

図 3-12　第三角法から等角投影図を描く（円筒面のある対象物）

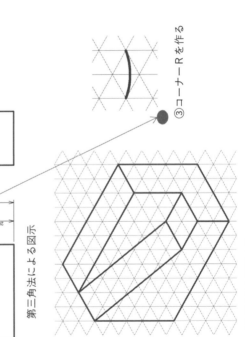
第三角法による図示

②不要部を切断する

③コーナーRを作る

き方向の長さは一定であり、左側面図"B"を描き、投影方向にある平面"C"と"D"を描き、斜面"E"と"F"を描き、溝部"G"を描くと等角投影図ができある。

3-2 円筒と円錐の等角投影図

3-2-1 円筒面の描き方（接続R）

図3-12に示す様に①に示したように切断前の直方体を描き、"3-1-9"に準じて②に示した様に不要部を切断し、③のコーナーRを作り本体と合体させて不要部を消去すると④の等角投影図となる。

3-2-2 三次元CADのソリッドモデル

図3-13に示すように等角投影図は円筒面と平面の接続部の線を描かない。三次元CADのソリッドモデルでは、円筒面と平面の接続部の線（★印）を描

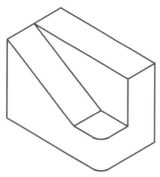

等角投影図による図示

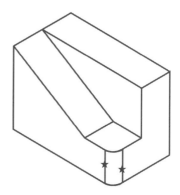

三次元CADのソリットモデル

図3-13　等角投影図と3DCADの立体模型図

いている。

3-2-3　円筒面の描き方（複数の接続R）

図 3-14 に示すように接続R（接続円筒面）のある形状の場合は、①に示したように接続Rなしの立体図を描き、②に示した様に接続Rを追加し、③に示したように共通接線を描き、不要な線を消去すると④の等角投影図となる。

3-2-4　円筒面の描き方（円筒面の切断）

図 3-15 に示すように円筒形の一部分を平面で切断した形状の等角投影図を描く。寸法"ア"から楕円を描くひし形"あ"を作り、楕円"い"を描き、寸法"ウ"に示された作図基準線"う"に従って楕円を寸法"ア、イ"に合わせて配置し、共通接線で接続し、切断線"え"で切断し切断面"A"を取り囲む線"お、か、き、く"を描く。円筒寸法"ア"の中に円筒穴寸法"イ"で構成する面"B"ができる。不要な線を消去して等角投影図ができあがる。

3-2-5　円錐面の描き方

図 3-16 に示すように寸法"ア"から楕円を描くひし形"あ"を作り、楕円を描き、円錐形の高さ寸法"ウ"に合わせた楕円の配置"う"に従って寸法"ア、イ"の大小の楕円を配置する。楕円の共通接線を描き、不要な線を消去すると等角投影図ができあがる。

3-3　穴の略図

3-3-1　円筒面と円筒穴

図 3-17 に示した第三角法の図で表されている形状は、直径 120、長さ 70 で

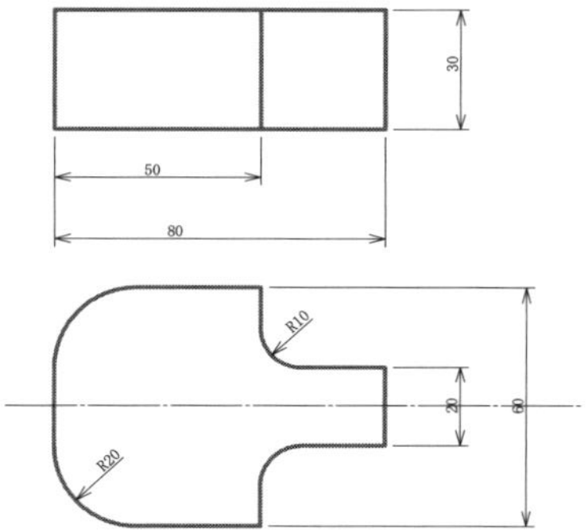

① 接続Rなしで描く

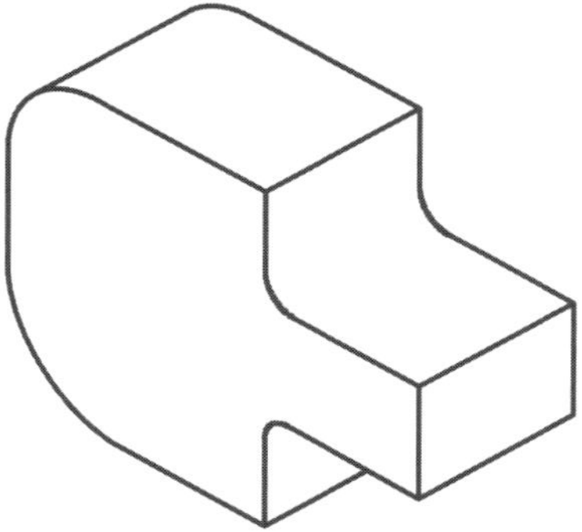

④ 不要な線（★）を消して等角投影図完成

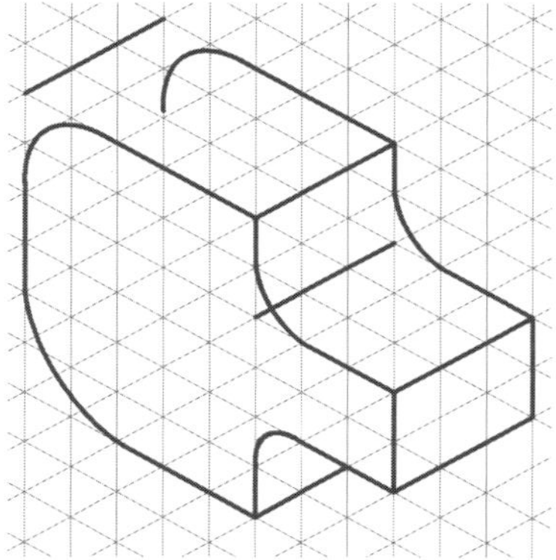

③ 共通接線を描く

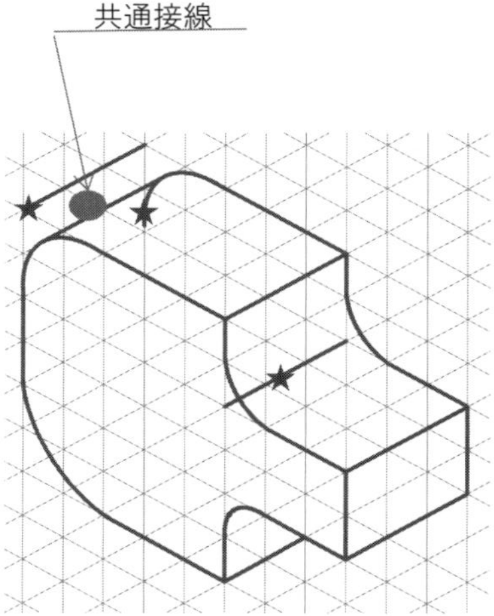

共通接線

第三角法による図示

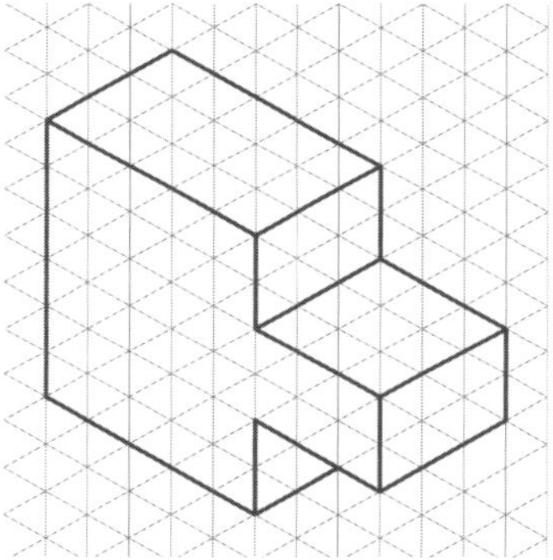

② 接続Rを描く

図 3-14 第三角法から等角投影図を描く（円筒面のある対象物）

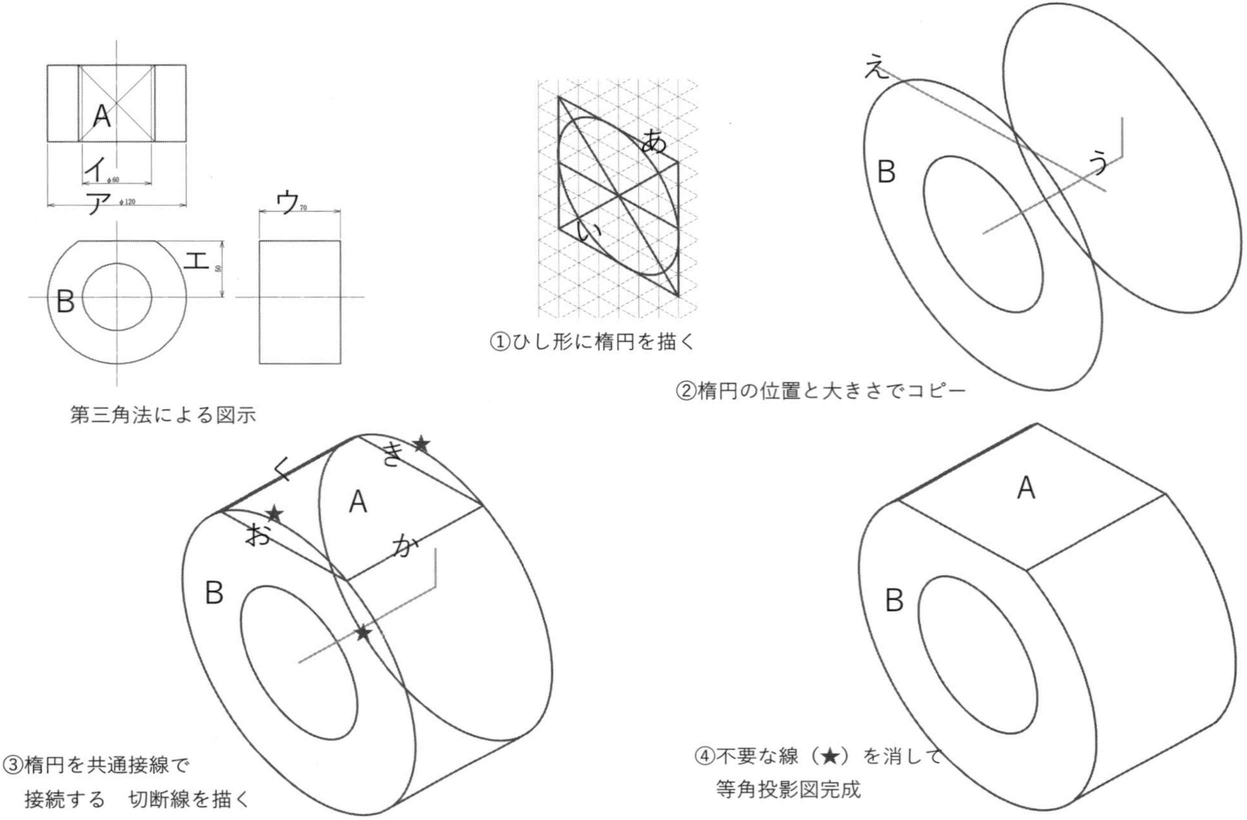
A
イ
φ60
ア
φ120
ウ
70
エ
50
B
第三角法による図示
あ
い
①ひし形に楕円を描く
え
B
う
②楕円の位置と大きさでコピー
く
き
★
A
★
お
か
B
★
③楕円を共通接線で
接続する　切断線を描く
A
B
④不要な線（★）を消して
等角投影図完成

図 3-15　**第三角法から等角投影図を描く（円筒のある対象物）**

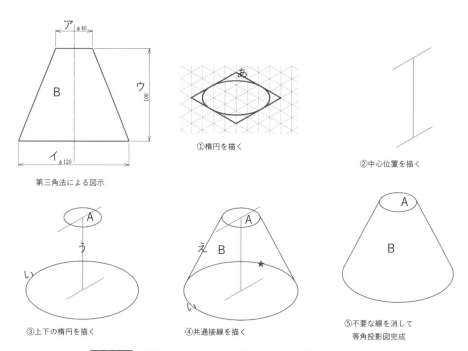

図3-16 第三角法から等角投影図を描く（円錐のある対象物）

　直径60の穴の開いた円筒形を、長さ40の部分を円筒の中心線上で切断してある。寸法"ア"から楕円を描くひし形"あ"を作り、楕円"い"を描く。右側面図の寸法"ウ"と"エ"により、円筒の中心位置を表す配置線を描く。配置線上の中心位置"う""え""お"に、直径120と60の円に相当する楕円を描き、中心線を含む切断平面で手前の形状を、寸法"エ"に従って切断して、面"A"と"B""C"が出来上がる。切断にかかわる図形は、中心位置"う"から、正面図の左右方向に相当する方向に線をのばし、直径120と60の楕円との交点を結ぶと切断線となる。交点から中心線と平行に線を引き、面"B"の楕円との交点を求め、交点を結ぶと切断面"C"が現れる。直径120に相当する楕円の共通接線を引き、不要な線を消去すると等角投影図ができあがる。

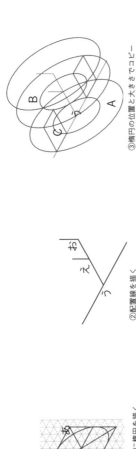
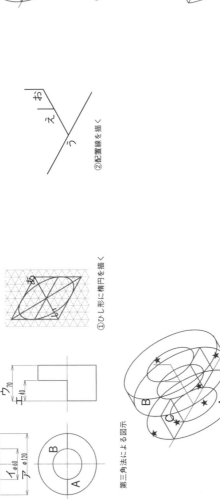

図 3-17 第三角法から等角投影図を描く（穴のある対象物）

3-3-2　円筒面と菱フランジ

　図 3-18 に示す様に、複数の円筒や平面で構成された形状の等角投影図を描く。基準の楕円を寸法に合わせた大きさに、配置線に従って楕円を配置して、共通接線で接続して、不要な線を消去する。配置線は中央の、正面図に示された寸法"カ"と"キ"に従い、円筒面と円筒穴の上の位置"あ"と、下の位置"う"及び、面"B"と円筒の相貫線の位置"い"に、平面図の寸法"ア"の直径120 と、寸法"イ"の直径80 の楕円を描く。平面図の両端の寸法"エ"に示された半径20 の円筒面は、平面図に寸法"ウ"で示された中心位置"い"に振り分けの160 で"か"と"き""く""け"に配置する。平面図に"オ"で示された穴は"か"と"く"に配置する。

　楕円を共通接線で接続し不要な線を消去する。1つの楕円の中で不要な部分と必要な部分に分かれる。ひしフランジの先端円弧（★1、★2、★5, ★6）は不要部を消去すると楕円の一部（※1, ※2, ※5, ※6）が残る。円筒面"C"の下面の線（★3）は接続面"E"に隠されて、楕円の一部（※3）が残る。寸法"イ"で示された穴の下面の線（★4）は円筒面"C"に隠されて楕円の一部（※4）が残る。ひしフランジ上面"B"と円筒面"C"の合流した楕円形状（★7）は、円筒形状"C"に隠されて楕円の一部（※7）が残る。ひしフランジの穴形状（★8）は、円筒形状"C"に隠されて楕円の一部（※8）が残る。

3-3-3　円筒穴のある形体

　図 3-19 に示すように、①に示したように基本形状を描き、穴の中心位置をマークする。②に示すように穴の中心に楕円を配置して、不要な線を消去すると③に示す等角投影図ができあがる。穴により新たに見えるようになった部分（★）を描き忘れないようにする。

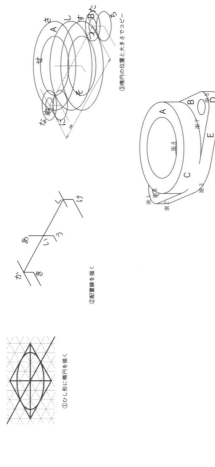

図 3-18 第三角法から等角投影図を描く（穴のある対象物）

■ 第3章　図面から略図を描く

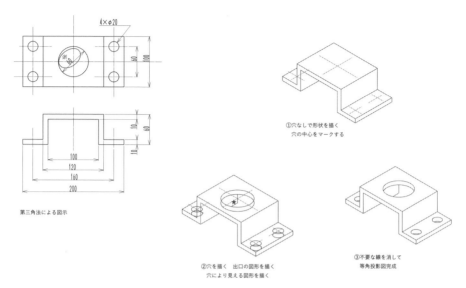

図 3-19　第三角法から等角投影図を描く（穴のある対象物）

🖐 ワンポイント

※印の付いた寸法"60"は穴の直径を指示している。機械製図では穴の図形（円形）に寸法を記入するときに、"Φ60"と記入すると、図形（円形）と直径記号（Φ）が重複指示となり、寸法数値の前の直径記号を書いてはいけないルールとなっている。

3-3-4　長孔のある形体

図 3-20 に示すように、①に示すように穴なしの基本形状を描き、中心マークを記入する。②に示したように長孔の中心に楕円を描き、先端部のR形状を楕円で示し、接続R部に楕円の一部を描く。共通接線を描き、不要な線を消去すると③に示した等角投影図ができあがる。

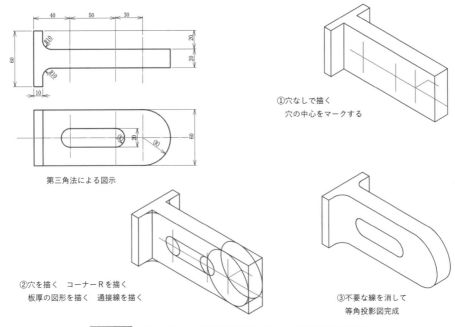

図 3-20 第三角法から等角投影図を描く（穴のある対象物）

3-3-5 複数の穴形状

　図 3-21 に示すように、①に示すように正面を示すひし形に内接する楕円を描き、②に示した穴なしの基本形状を描き、中心マークを記入する。③に示すように中心マークに従って楕円を配置して、共通接線を描き、不要な線を消去すると④に示す等角投影図ができあがる。消去する楕円の一部（★1～6）は楕円をコピーして配置して描いたが、もともとの形状にない部分である。先端Rをつけたことにより消える線（★10～12）は、穴なしで形状を描く段階で描かないようにしてもよい。

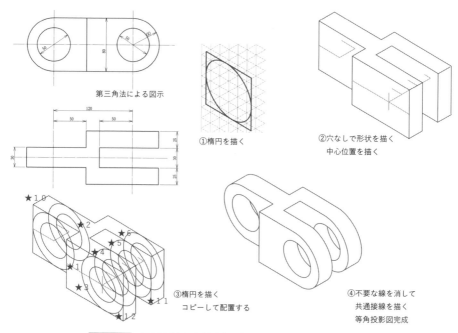

図 3-21 第三角法から等角投影図を描く（穴のある対象物）

3-3-6 円形配置の穴

図 3-22 に示すように、①に示すように正面を示すひし形に内接する楕円を描き、②に示した穴の中心位置と円筒の配置マークを付ける。③に示した円筒を配置し、④に示した穴を描き共通接線と切断面を描き、不要な線を消去すると⑤に示した等角投影図ができあがる。穴の配置を示す中心線は等角投影図では描かない。

3-3-7 円筒形状と方向違いの締め付け穴

図 3-23 に示すように、部分切断された円筒形状と、方向が異なる座面と穴を持つ形状である。①に示す円筒形状と切断基準線を描き、②に示す座面と穴

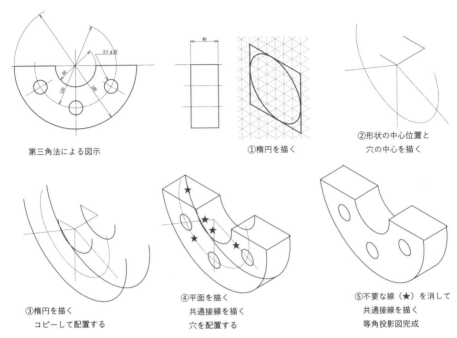

図 3-22 第三角法から等角投影図を描く（穴のある対象物）

を描き、③に示す共通接線と円筒側との接続 R を描き、④に示す不要な線を消去すると等角投影図ができあがる。

3-3-8 平行面に通し穴

図 3-24 に示すように①に示す正面方向の図と穴の位置関係をマークする。②に示した穴の楕円描き、③に示した接続 R と平面の穴形状を描き、不要な線を消去すると④に示した等角投影図ができる。

第3章 図面から略図を描く

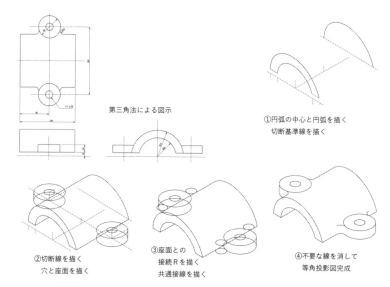

図 3-23 第三角法から等角投影図を描く（穴のある対象物）

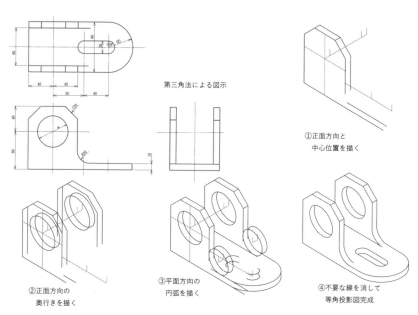

図 3-24 第三角法から等角投影図を描く（穴のある対象物）

3-4 (R)とは何か？

3-4-1 (R)の指示のある指示図

図 3-25 に示すように、①に示すように平面を示すひし形に内接する楕円を描き、②に示した位置関係で楕円を配置する。両端の(R)の半径寸法は、幅寸法"80"の半分で"R40"である。③に示したように共通接線で接続し、不要な線を消去すると④に示した等角投影図ができあがる。

3-4-2 (R)の意味

図 3-26 に示すように、機械製図において同じ位置に、2カ所以上の寸法を

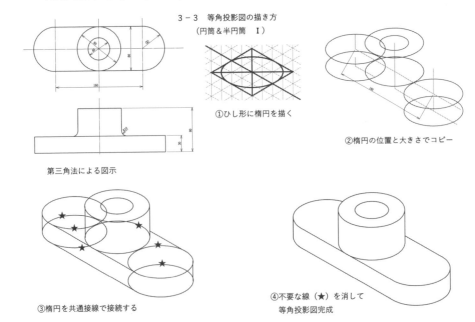

図 3-25 第三角法から等角投影図を描く（(R)寸法）

（R）の解釈

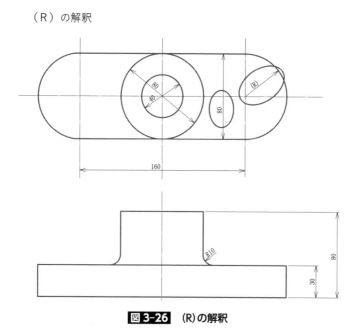

図 3-26 (R)の解釈

記入することに起因するトラブルを防止するために、重複（2重）寸法と呼び2カ所以上の寸法を記入することを禁止事項としている。そこで"(R)"のところに"R40"と記入すると、幅寸法"80"と重複となる。ただし円弧であることを示す必要があり、数値のない半径指示で"(R)"と記入する。

第4章

三角法の特例と図形表現の略図

4-1　図形の省略

　図4-1に示したように、長尺の軸などを図示する場合、軸の中間を省略するとスペース効率がよく、比較的頻繁に使われる手法である。図4-2程度の長さなら全長を描くことができるが、わざわざ全長を描く必要はない。図4-3に示したような等角投影図においても、同一断面形状の中間部を省略して、できるだけ大きな図形で表現することを選択すべきである。機械製図における同一断面形状の長さ方向の省略は、製図を知らなくても容易に理解できるが、それ以外にも特別なルールがあり、知識がないと図形の解読ができない場合もある。

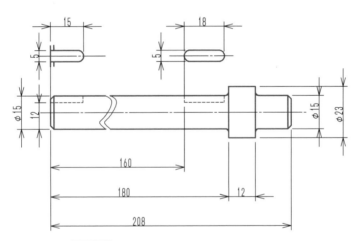

図4-1　長尺の中間省略（三角法による図示）

図4-2　実長を描いた例（この程度なら描ける）

■第4章 三角法の特例と図形表現の略図

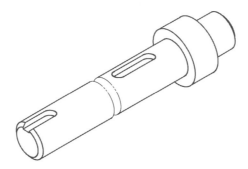

図 4-3　中間を省略した等角投影図

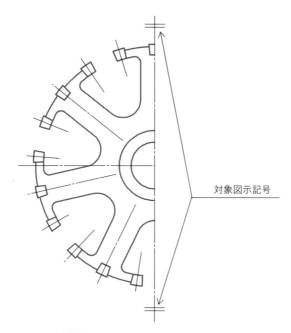

対象図示記号

図 4-4　対象図示記号を用いた省略の例

　代表的な例が左右対称の図形の半分を省略する方法で、**図 4-4** に示したように対象図示記号を用いる方法と、**図 4-5** に示したように対象図示記号を使わないで、中心線を少し超えたところで作図をやめる方法がある。

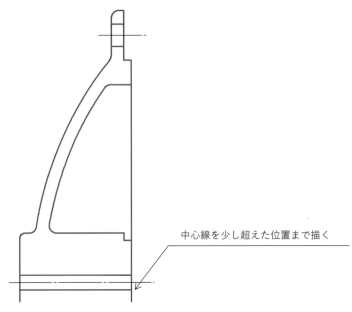

図 4-5 対象図示記号を用いない省略の例

4-2 断面にしない対象物

　図 4-6 に示したように、全断面図により内部形状を外形線（太い実線）で描くことにより、形状表現がより厳密になる。機械製図で断面図を描く場合に、"リブ""歯車の歯""ハンドルや車輪のアーム"は理解を妨げることがないように必ず実形で描くと決められている。図 4-7 に示したようにリブを長手方向に断面すると、円錐形とリブ形状が同じ図形となり判別できなくなることから、リブを長手方向に断面しないで実形で描く。歯車の歯や、ハンドルや車輪のアームも判別できなくなる別な構造があり、実形で描く。
　断面にしても情報量が増えないことから、断面にする意味がないのが、"軸"

■ 第4章 三角法の特例と図形表現の略図

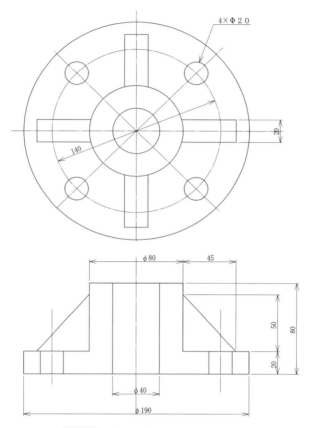

図 4-6 断面図（第三角法による図示）

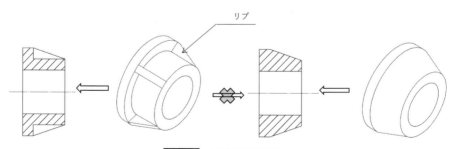

図 4-7 リブは実形で描く

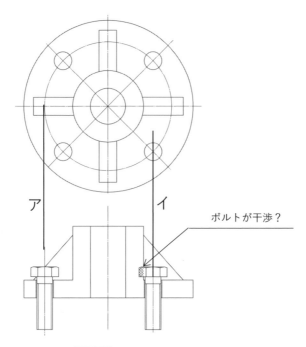

図4-8 穴の配置補正／リブ実形

をはじめとする10種類が規定されている[注1]。

　図4-8に示したように、断面図の場合はボルト穴も実形で描く。この場合に単純な投影位置"イ"ではボルトの頭部が干渉して締め付けができないと読み取れることから、中心からの距離を穴の位置"ア"とする描き方で、ボルトが締め付けることが読み取れる。これも図形表現上の特例である。

　図4-9のようにすべてを実形で描いてある場合や、断面に関する機械製図の知識があれば、**図4-10**の等角投影図を描くことができる。

　図4-11に示したようにすべてを実形で描いた図で、内部形状をかくれ線で

注1　詳しくは"JIS B 0001 機械製図"または、日刊工業新聞から出版されている"機械製図CAD作業技能検定試験突破ガイド：河合優著"などで勉強してください。

■ 第4章 三角法の特例と図形表現の略図

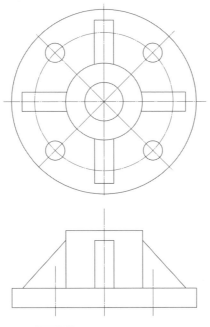

図 4-9 正投影図のみで表す

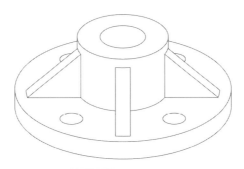

図 4-10 等角投影図

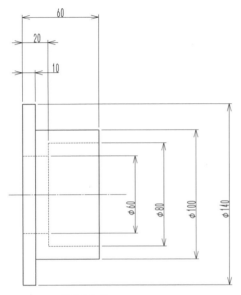

図 4-11 外形図で表現

図 4-12 等角投影図（内部はかくれ線）

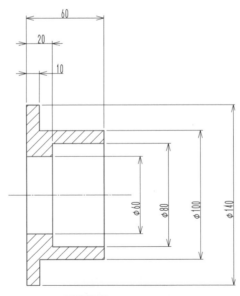

図 4-13 断面図で表現

■第4章 三角法の特例と図形表現の略図

表してある場合、等角投影図も**図 4-12** に示したように内部形状をかくれ線で描くことは可能であるが、かくれ線の位置関係の読み取りに固有技術が要求され、困難を伴うことから普及していない。

図 4-13 に示したように全断面図を使った図面から、**図 4-14** に示したよう

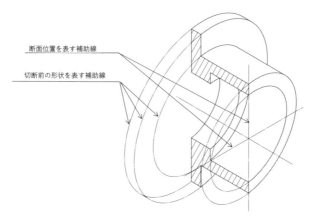

図 4-14 断面図示の等角投影図

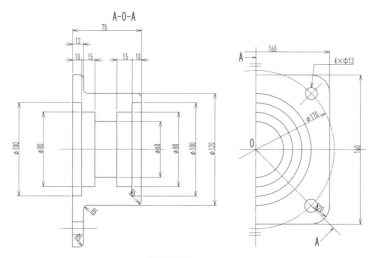

図 4-15 断面図

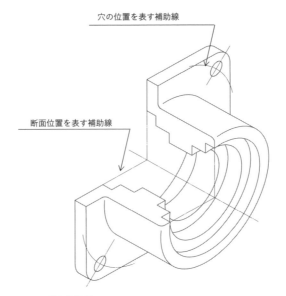

穴の位置を表す補助線

断面位置を表す補助線

図 4-16 90度分カットした等角投影図

な全断面で表現する等角投影図では、内部形状が容易に読み取れる。同様に**図4-15**にあるような全断面図から、**図4-16**に示す90度分を切断した等角投影図も、読み取りが容易で図の情報量も多く有効の表現方法である。

4-3　部分表現

図4-17に示された込み入った図から等角投影図を描く場合、**図4-18**のように正面図側を等角投影図の正面に向けると、面"A、B、D"が表現できない。同様に**図4-19**のように右側面図側を等角投影図の正面に向けると、面"A、C、D"が表現できない。**図4-20**のように左側面図側を等角投影図の正面に向けると、面"A、B、C、D"が表現できない。そこで、**図4-21**に示したように左側面図側を等角投影図の正面側とし、表現できない部分を断面にし、見えな

第 4 章　三角法の特例と図形表現の略図

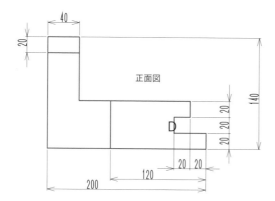

図 4-17　込み入った図形

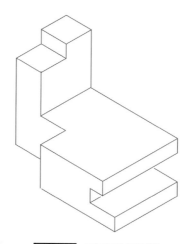

図 4-18　正面図を正面側

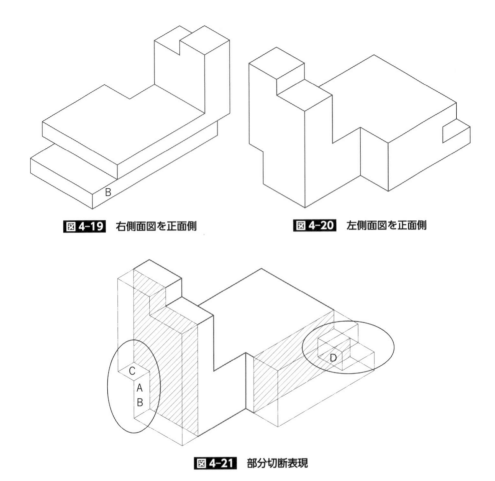

図 4-19 右側面図を正面側

図 4-20 左側面図を正面側

図 4-21 部分切断表現

かった面を仮想面として表現することができる。等角投影図は輪郭線をつけて面を表現することから、3方面の面の表現に限られており、第三角法の線で表現する面がなく、複雑な形状の表現には限界がある。

4-4 ざぐり

図4-22に"あ"で示したようにざぐり指示（★1の楕円の中）の場合に、製図上はざぐり形状を描かないことから、"あ"部（★2）にざぐりの線はない。等角投影図の場合は図4-23に"あ"示したようにざぐりの形状を必ず描く。同様に図4-24に"あ"CADの立体モデルにはざぐりの線を描く。等角投影図

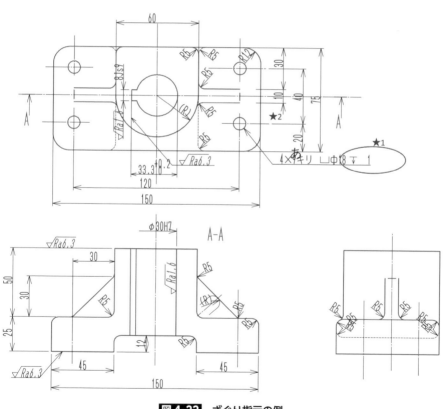

図4-22 ざぐり指示の例

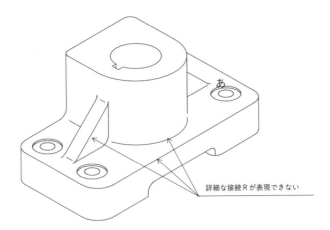

図 4-23 ざぐり指示の等角投影図

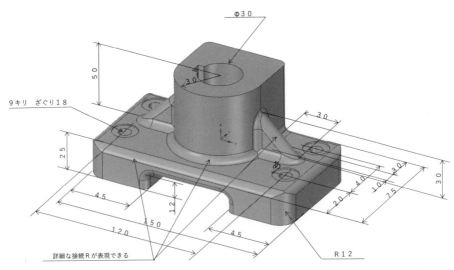

図 4-24 3DCAD 立体モデル（寸法図示付）

では図 4-23 に示したように詳細な接続 R、リブなどの斜面についた接続 R の表現には表現上の限界があり、表現しきれない。3DCAD の立体モデルにおいては図 4-24 に示したように、すべての接続 R を表現することができる。

第 4 章　三角法の特例と図形表現の略図

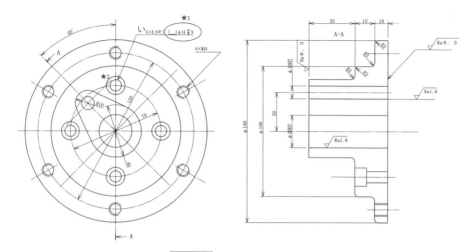

図 4-25　深ざぐり指示の例

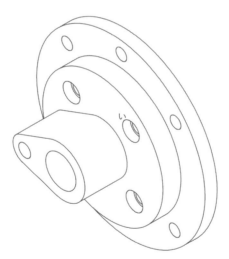

図 4-26　深ざぐり指示の等角投影図

　図 4-25 に示した"い"深ざぐり（★1 の楕円の中）の場合は、ざぐりの図形（★2）を描くことが製図上の決めごととなっている。図 4-26 の等角投影図においても"い"に示した深ざぐりの図形を描く。図 4-27 の立体モデルにお

79

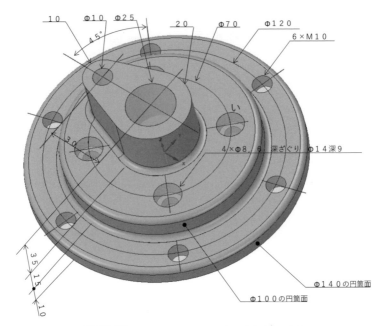

図 4-27 3DCAD の立体モデル（寸法指示付）

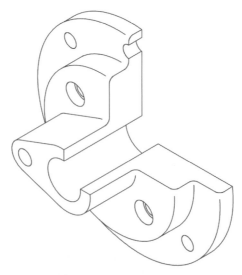

図 4-28 部分断面の等角投影図

いても"い"に示した深ざぐりの形状を描く。

図4-28の等角投影図は部分的に切断してあり、全形の等角投影図より接続Rの状態が表現できている。前項（4-3）に示したように、等角投影図の限界を改善する方法の1つとして活用することが可能である。

4-5　寄り道（立体モデルの活用）

図4-29に示した図面から立体モデルを作ると、**図4-30**に示したようになる。この図は寸法を記入してあり、比較的単純な形状なら、立体モデルに寸法を記入して製作部門に指示することも可能である。しかし、**図4-31**に示したような少し複雑な形状に関しては、第三角法によれば3面ですべての情報を表現可能であるが、立体モデルでは2つのモデルを必要とする。これは立体モデルが等角投影図と同じく、面を表現していることに起因している。

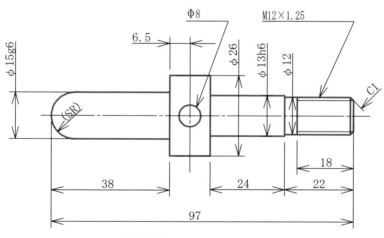

図4-29　軸形状の図面の例

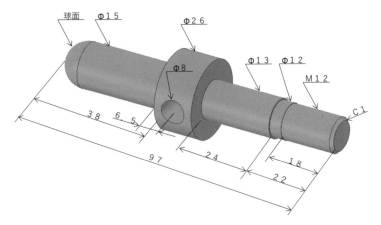

図 4-30 軸形状の立体モデルの例（寸法指示付）

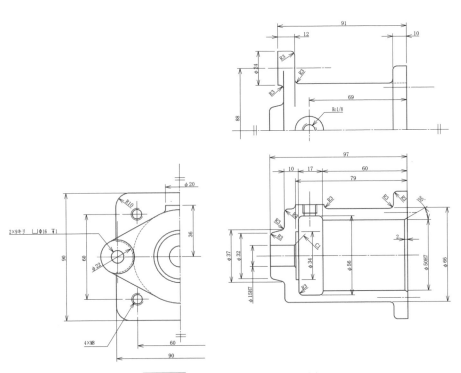

図 4-31 込み入った形状の図面の例

■第4章 三角法の特例と図形表現の略図

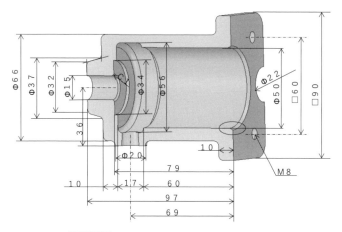

図 4-32 込み入った形状の立体モデルの例

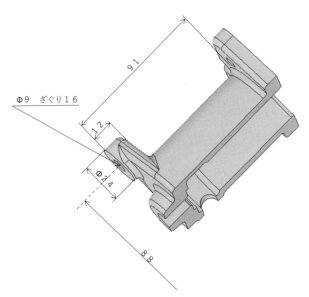

図 4-33 込み入った形状の立体モデルの例続き

第5章

図形以外の決め事

図面に描いてある図形情報が読み取れるようになると、そのほかの情報に関してしても知りたくなる。ものづくりの現場では、製作コスト、製作期間、製作可能な部門や仕入れ先の選択などのために、図形以外の決め事に関する基礎知識を要求される。ここに紹介したのは初歩の入門レベルであり、詳しくは専門家に問い合わせるか、専門書での調査をお勧めする。

5-1　大きさと大きさの誤差の決め事（寸法と寸法公差）

　図面には寸法数値が記入してあるが、寸法数値との誤差（指示寸法との差異）を小さくしようとすると、すればするほど製作コストが上がってくる。誤差小さくしないと部品としての機能を達成できないなら、コストが上がっても誤差を小さくしないと使えない部品となる。そこで許される誤差の範囲を指示する決めごとがある。

5-1-1　大きさのお約束

　図5-1 に示したように3つの指示方法がある。(a)に示した誤差の範囲を直接数値で記入する方法は、一目瞭然そのまま読み取れますが、記入する設計者

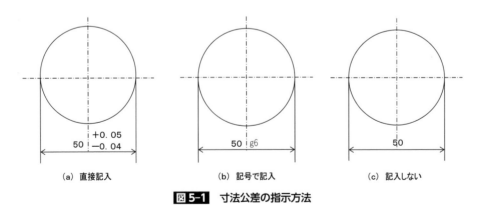

図 5-1　寸法公差の指示方法

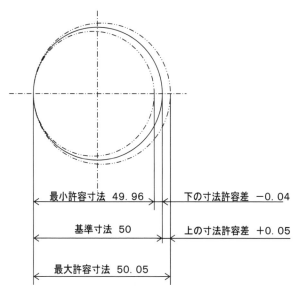

図 5-2 寸法公差読み下し方

には数値を調べる負担がかかります。(b)に示した記号で記入する方法は、設計者への負担が小さく広く使われている。(c)に示した記入しない方法は設計者への負担がさらに小さいが、許される誤差範囲が大きくて、適用できない部品があるために、(a)または(b)と併用されている。どの指示方法でも、許される寸法の範囲は、**図 5-2** に示したように、最小許容寸法から最大許容寸法の範囲となり、許容差と呼ばれている。

5-1-2　大きさの誤差の許される範囲（普通公差）

図 5-1 の(c)に示したように、誤差の範囲の指示がない場合は、**表 5-1** に示した普通公差"JIS B 04050"が適用される。普通公差は最も大きな誤差を許容し、製作コストは安いが、誤差が大きくて使えない場合は、別の指示をする。普通公差は許容差の大きさにより、"精級""中級""粗級"があり、表題欄などで一括指示される。また指示のない場合は中級と解釈される。

表 5-1 普通公差(抜粋) JIS B 0405

公差等級		基準寸法の区分			
記号	説明	3を超え 6以下	6を超え 30以下	30を超え 120以下	120を超え 400以下
		許容差			
f	精級	±0.05	±0.1	±0.15	±0.2
m	中級	±0.1	±0.2	±0.3	±0.5
c	粗級	±0.3	±0.5	±0.8	±1.2

5-1-3　大きさの誤差の国際的取り決め(IT基本公差)

　図 5-1(b)及び**図 5-3** に示したように、寸法数値の後にアルファベットと数値を組み合わせて誤差の許容差を指示する。数値の意味が**表 5-2** に示した IT 基本公差"JIS B 0401-1"で、アルファベットが**図 5-4** 穴用寸法公差記号、及び**図 5-5** 軸用寸法公差記号、に示した寸法公差記号である。この指示方法は国際規格"ISO"に準拠しており、国際的な取り決めとなっており、世界共通の指示方法である。ここでは指示方法の紹介にとどめる。

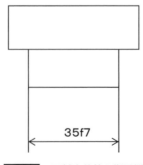

図 5-3 IT 基本公差の指示例

表5-2 IT 基本公差（抜粋） JIS B 0401-1

基準寸法の区分 (mm)		公差等級（IT）								
を越え	以下	1	2	3	4	5	6	7	8	9	10
		基本公差の数値（μm）								
—	3	0.8	1.2	2	3	4	6	10	14	25	40
3	6	1	1.5	2.5	4	5	8	12	18	30	48
6	10	1	1.5	2.5	4	6	9	15	22	36	58
10	18	1.2	2	3	5	8	11	18	27	43	70
18	30	1.5	2.5	4	6	9	13	21	33	52	84
30	50	1.5	2.5	4	7	11	16	25	39	62	100
50	80	2	3	5	8	13	19	30	46	74	120
80	120	2.5	4	6	10	15	22	35	54	87	140
120	180	3.5	5	8	12	18	25	40	63	100	160
180	250	4.5	7	10	14	20	29	46	72	115	185
250	315	6	8	12	16	23	32	52	81	130	210

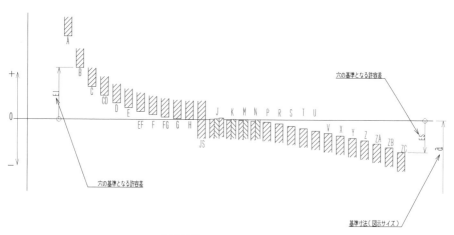

図5-4 穴用寸法公差記号

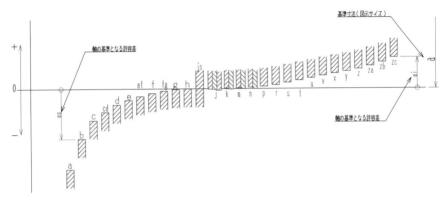

図 5-5 軸用寸法公差記号

5-1-4 大きさの誤差の組合せ（はめあい）

　２つの部品を組み合わせる場合に、相互に大きさの関係の決めておかないと、組付けができなかったり、組付いても隙間が大きすぎて機能を達成しない場合も考えられる。**図 5-6** に示した"すきまばめ"では決められたわずかな隙間ができる組み合わせで、すべり軸受けなどに使われている。**図 5-7** に示した"しまりばめ"では決められたオーバーラップ代分を変形させて組合せ、固定する方法である。このほかにすきまができたり、しめしろができたりする"中間ばめ"も使われている。**表 5-3** に代表的なはめあいの使われ方を示した。

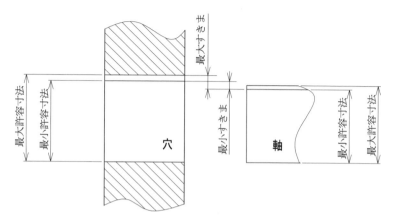

図 5-6 すきまばめの構造

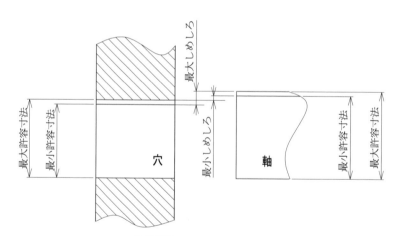

図 5-7 しまりばめの構造

表5-3 代表的な穴基準はめあいの適用例

基準穴	はめあいの種類	穴と軸の加工法	組立・分解作業およびすきまの状態	適用例
6級穴	H6/n5	研削、ラップみがき、すり合せ、極精密工作	プレス、ジャッキなどによる軽圧入	各種計器、航空機関およびその付属品、高級工作機械、ころ軸受け、その他精密機械の主要部分
	H6/m5 H6/m6		手槌などで打ち込む	
	H6/k5 H6/k5			
	H6/j5 H6/j6			
	H6/h5 H6/h6		滑潤油の使用で容易に手で移動できる	
7・8級穴	H7/u6 ～H7/r6	研削または精密工作	水圧機などによる強力な圧入、焼ばめ	鉄道車両の車輪とタイヤ、軸と車輪大型発電機の回転子と軸などの結合部分
	H7/t7 ～H7/r7			
	H7/r6 H7/p6 (H7/p7)		水圧機、プレスなどによる軽圧入	鋳鉄車心へ青銅または鋼製車周をはめる場合
	H7/m6 H7/h6		鉄槌による打込、抜出	あまり分解しない軸と歯車、ハンドル車、フランジ継手、はずみ車、球軸受などのはめあい
	H7/j6		木槌、鉛槌などで打ち込む	キーまたは押ねじで固定する部分のはめ合い、球軸受けのはめ込み、軸カラー、替歯車と軸
	H7/h6 (H7/h7)		潤滑油を供給すれば手で動かせる	長い軸へ通すキー止め調車と軸カラー、たわみ軸継手と軸、油ブレーキのピストンとシリンダ
	H7/g6 (H7/g7)		すきまが僅少で、潤滑油の使用でたがいに運動	研削機のスピンドル軸受など、精密工作機械などの主軸と軸受、高級変速機における主軸と軸受
	H7/f7		小さいすきま、潤滑油の使用でたがいに運動	クランク軸、クランクピンとそれらの軸受
	H8/e8		やや大きなすきま	多少下級な軸受と軸、小型エンジンの軸と軸受
8・9級穴	H8/h8	普通工作	楽にはめはずしや滑動できる	軸カラー、調車と軸、滑動するハブと軸など
	H8/f8		小さいすきま、潤滑油の使用でたがいに運動	内燃機関のクランク軸受、案内車と軸、渦巻ポンプ送風機などの軸と軸受
	H8/d9		大きなすきま、潤滑油の使用でたがいに運動	車両軸受、一般下級軸受、揺動軸受、遊車と軸など
	H9/c9 H9/d8		非常に大きなすきま、潤滑油の使用でたがいに運動する	

5-2 その他の指示事項

5-2-1 略図で表すねじ

写真5-1に示したようにねじの形状を作図することは、膨大な時間数が必要

写真5-1 ボルトとナット

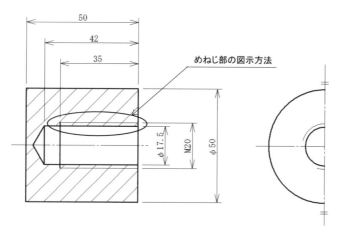

図5-8 めねじの図示例

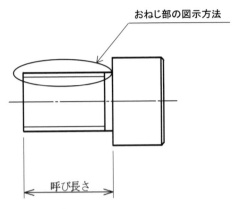

図 5-9 六角穴付きボルトの図示例

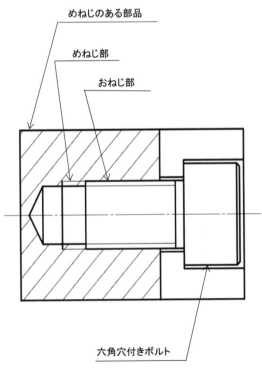

図 5-10 ボルトによる締付状態の図示例

であることから、ねじ製図がJISに規定されて容易に描けるようになっている。めねじの図形は**図**5-8に示したように下穴径に相当する線を太い実線で表し、めねじの谷径の線を細い実線で表している。おねじの図形は**図**5-9に示したように、外径に相当する線を太い実線で表し、おねじの谷径の線を細い実線で表している。おねじとめねじが勘合している状態を表す場合は、**図**5-10に示したように、おねじとめねじが勘合している部分はおねじを描くことが、ねじ製図に規格化されている。

5-2-2　図と要目表で表すばね

写真5-2に示した圧縮ばねは、外形のほかに多くの機能を有しており、**図**5-11に示したように図形だけでは情報伝達の機能を十分に達成できないことから、**表**5-4に示した要目表により物理量やパラメータを示し、要求する特性を明確にする。圧縮ばねのほかにさまざまな形式のばねが作られており、図形と

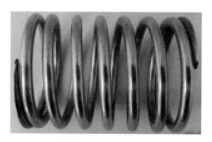

写真 5-2　圧縮コイルばね

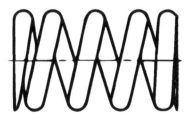

図 5-11　圧縮コイルばねの例

表5-4 コイルバネの要目表の例

材料	SUS316-WA
材料の直径	4
コイルの平均径	36
コイルの外形	40±0.5
総巻数	8.5
座巻数	各1
有効巻数	6
巻方向	右
自由高さ	—
ばね定数	—
以下省略	

要目表により表現されている。

5-2-3　何でつくるか記号で表す（金属、樹脂、焼きもの）

図5-12は一般構造用圧延鋼材の材料記号の解読方法を示している。分類を表すアルファベットの後に引張強度に相当する数値を指示している。**図5-13**は機械構造用炭素鋼材の解読法を示している。分類を示すアルファベットは両側に配置し、その間に含有炭素量に相当する数値を示している。この2つの材料記号を見ても、基本的な構成は異なっており、それぞれに読み方を勉強しな

図5-12 材料記号の意味Ⅰ

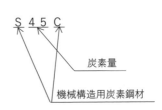

図5-13 材料記号の意味Ⅱ

表 5-5 構造用の鉄鋼材料規格（抜粋）

JIS 規格番号	鋼材の名称	鉄鋼材料記号例
JIS G 3101	一般構造用圧延鋼材	SS400
JIS G 3123	みがき棒鋼	SGD400
JIS G 3131	熱間圧延軟鋼板	SPHC
JIS G 3444	一般構造用炭素鋼鋼管	STK400
JIS G 4051	機械構造用炭素鋼鋼材	S45C
JIS G 4053：2008	機械構造用合金鋼鋼材	SCM430
JIS G 4311：2011	耐熱鋼棒及び線材	SUS304
JIS G 4401：2009	炭素工具鋼鋼材	SK90
JIS G 4404：2006	合金工具鋼鋼材	SKD11
JIS G 4801：2011	ばね鋼鋼材	SUP10
JIS G 4805：2008	高炭素クロム軸受鋼鋼材	SUJ2
JIS G 5501：1995	ねずみ鋳鉄品	FC200
JIS G 5502：2001	球状黒鉛鋳鉄品	FCD400-15

いと読み下せないことがわかる。**表 5-5** は構造用鉄鋼材料の JIS 規格番号と鋼材の名称、代表的な材料記号例を示している。これらの材料記号に関しても読み下し方は対応する JIS 規格の解説によることから、それぞれの規格を参照する必要がある。

金属材料は鋼材のほかに、アルミニュウム、銅系の黄銅、リン青銅、砲金や、錫、鉛、ニッケル、クロム、などが使われており、それぞれの規格表を参照する。

表 5-6 にプラスチック材料の略号と名称を示した。プラスチック材料は基本材料に性能向上のため、耐熱性、対候性、成形時の流動性などを改善する目的で、補助材料を添加して、特定ユーザー向けの特殊材料として流通している例が多くみられる。特定のユーザーが指定した材料は詳細の仕様を確認する必要がある。

表 5-6 プラスチック材料の略号（抜粋）
（JIS K 6899-1）

略号	名　　称
ABS	アクリロニトリル-ブタジエン-スチレン
PET	ポリエチレンテレフタレート
PP	ポリプロピレン
PS	ポリスチレン
PVC	ポリ塩化ビニル
PE	ポリエチレン
EP	エポキシド、エポキシ
PF	フェノール-ホルムアルデヒド
PC	ポリカーボネイト
PA	ポリアミド／ナイロン

表 5-7 セラミックス材料の略号（抜粋）

名　　称	特　　徴
ジルコニア／ZrO_2	セラミックスの中で最も高い強度と靭性がある
アルミナ／Al_2O_3	安価で強度が高く広く普及している
窒化アルミ／AlN	熱伝導率が高く半導体のパッケージに使われる
炭化ケイ素／SiC	高温での強度が高い／軽量で耐食性が高い
マシナブル	快削性のセラミックス
フェライト	セラミックス磁性体／永久磁石の材料

　表5-7にセラミックスの名称と特徴を表にまとめた。プラスチックよりも小さなロットで生産できることから、性能向上に向けた補助材料が広く使われている。

5-2-4　金属を溶かして固める（溶接記号）

　図5-14に溶接記号の構造を示した。図5-15はこの構造に従って指示した

第5章 図形以外の決め事

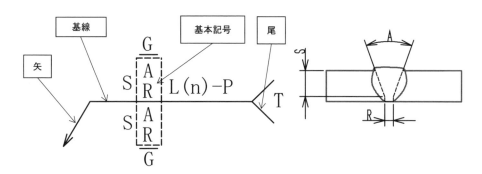

S：開先深さなど　　G：補助記号
R：ルート間隔　　　L：単位溶接長さ
A＊開先角度　　　　n：溶接の数
T：特別指示事項　　P：溶接間のピッチ

図5-14　溶接記号の構成

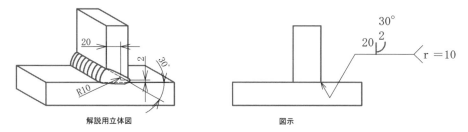

解説用立体図　　　　　図示

図5-15　溶接継ぎ手の指示例（アーク溶接）

　具体的な溶接指示、開先とルート間隔を指示したアーク溶接の例で、溶接の指示が基線の上側にあることから、矢の反対側に溶接部が構成される。矢が折れて部材を指示しており、矢が指した部材の開先を取る。特別指示事項 "r＝10" は、開先を取る場合の形状（半径10mm）を示している。**図5-16**はスポット溶接の例で、ナゲット径と溶接ピッチを指示している。**図5-17**は断続アーク溶接の例である。図5-15～17は、いずれも図面にあるのは"図示"で示した溶

99

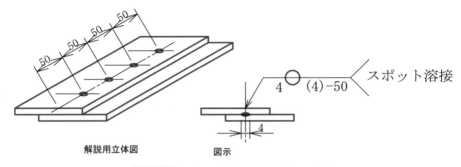

図5-16 溶接継ぎ手の指示例（抵抗溶接）

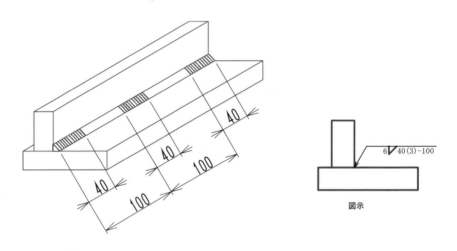

図5-17 溶接継ぎ手の指示例（断続アーク溶接）

接指示で、"解説用立体図"は理解を助けるために描いたもので、通常の図面には描かれていことから、溶接指示を勉強して解読する必要がある。

5-2-5 凹凸の大きさの指示（表面性状）

　機械部品の表面の凹凸の状態は、性能に影響することから適正に指示することが設計者に求められている。凹凸を小さくすることは費用がかかることから、製造現場では図面指示を沿って適宜製作することが求められている。**図 5-18**は凹凸の状態を指示する"表面性状"の指示方法を示したものである。以下、凹凸の状態は"表面性状"の用語を使用する。

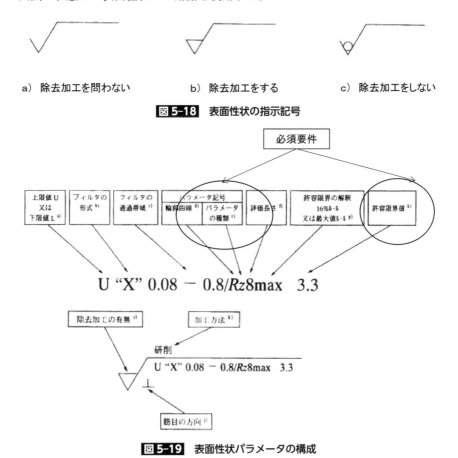

a）除去加工を問わない　　b）除去加工をする　　c）除去加工をしない

図 5-18　表面性状の指示記号

図 5-19　表面性状パラメータの構成

図5-19は表面性状を数値で指示する"表面性状パラメータ"を示したもので、日常使用する図面にはこの中の"パラメータの種類"と"許容限界値"の2つが指示されている。図5-20に具体的な指示例が示されている。表面性状とは図5-21に示したように表面の凹凸をグラフ化しその平均値を求めたもの

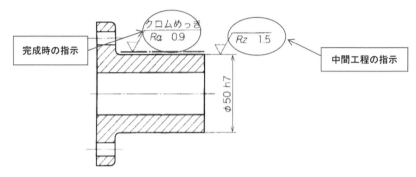

図5-20 表面性状指示例

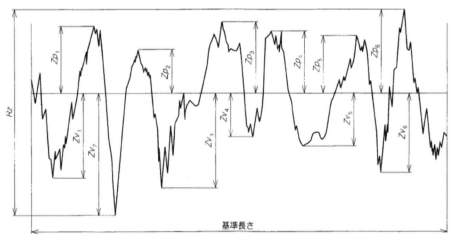

$$算術平均粗さ = \frac{1}{l}\int_0^l |Z(x)|dx$$

図5-21 算術平均粗さ

表5-8　算術平均粗さの適用例

あらさの標準数列	記号	主な加工法	主な加工面・部品	
規定なし		鋳造、鍛造、圧延砂吹き、溶接溶断、打ち抜き	ケーシング、弁本体外面、ハンドル車、座金、コイルバネ、レバーなど	
25	▽ Ra 25	切削時の荒削り	一般機械部品の外面又は非接触面	
6.3	▽ Ra 6.3	一般の切削加工	一般機械部品の組合せ部	
1.6	▽ Ra 1.6	研削、精密な切削旋盤、フライス、中ぐりなど　精密な手仕上げやすり掛け、ペーパー仕上げなどホーニングバフ仕上げなど	回転摺動部	軸受ブッシュ、歯車のボス、ジャーナル、軸受メタル、精密ネジなど
			摺動部	旋盤のベット、シリンダー、スライドメタル、オイルシール組立部
			はめあい	ベアリングのはめあい部、一般のはめあい部
			その他	歯車の歯、プーリーなど
0.2	▽ Ra 0.2	ラップ加工、電解研磨、バフ仕上げなど	摺動部	油圧切替弁のスプール、など
			その他	ゲージ類、など

である。**表5-8**に代表的な使われ方を示した。

5-2-6　形の誤差の許される範囲（幾何公差）

　軸がどの程度真っ直ぐか？　定盤がどの程度平らか？　などの形に関する許される範囲を指示する方法が幾何公差である。**表5-9**に幾何公差の種類と記号を、**表5-10**に付加記号の種類と記号を示した。これらを組み合わせて目的に合わせて指示をする。**図5-22**に付加記号と幾何公差記号の組み合わせ方の例を示した。

表 5-9 幾何特性の種類と記号

種類	特性	記号	データム
形状公差	真直度	—	否
形状公差	平面度	▱	否
形状公差	真円度	○	否
形状公差	円筒度	⌭	否
形状公差	線の輪郭度	⌒	否
形状公差	面の輪郭度	⌒	否
姿勢公差	平行度	∥	要
姿勢公差	直角度	⊥	要
姿勢公差	傾斜度	∠	要
姿勢公差	線の輪郭度	⌒	要
姿勢公差	面の輪郭度	⌒	要
位置公差	位置度	⌖	要・否
位置公差	同心度	◎	要
位置公差	同軸度	◎	要
位置公差	対称度	＝	要
位置公差	線の輪郭度	⌒	要
位置公差	面の輪郭度	⌒	要
振れ公差	円周振れ	↗	要
振れ公差	全振れ	↗↗	要

表5-10　付加記号の種類と記号

説　明	記　号	参　照
公差付き形体指示	(枠と引出線、ハッチング)	
データム一指示	[A] [A]	JIS B 0022
データムターゲット	Φ2/A2	
理論的に正確な寸法	30	
突出公差域	Ⓟ	ISO 10578
最大実体公差方式	Ⓜ	JIS B 0023
最小実体公差方式	Ⓛ	JIS B 0023
自由状態（非剛性部品）	Ⓕ	JIS B 0026
全周	(○付き矢印)	
包絡の条件	Ⓔ	JIS B 0024
共通公差域	CZ	

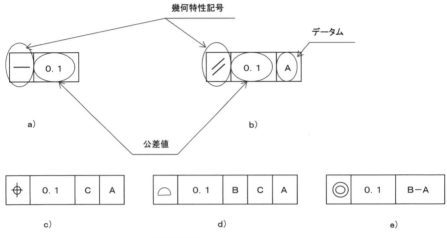

図 5-22 公差記入枠の指示例

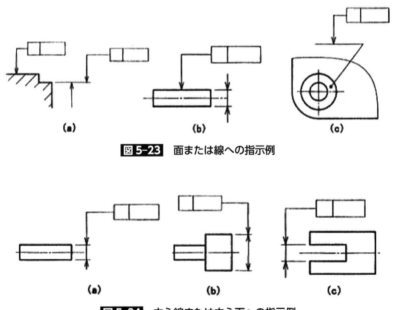

図 5-23 面または線への指示例

図 5-24 中心線または中心面への指示例

■ 第 5 章　図形以外の決め事

　図5-23と図5-24は指示する対象により公差記入枠から出た指示線を図形や寸法のどこに指示するかの決めごとを示している。図5-25と図5-26はデータム記号を図形や寸法のどこに指示するかの決めごとを示している。ここを読み間違えると幾何公差を指示した部位や、データムの部位に錯誤が発生し、図面指示と異なる解釈となることから、充分な知識と見識を身に着けるまで、

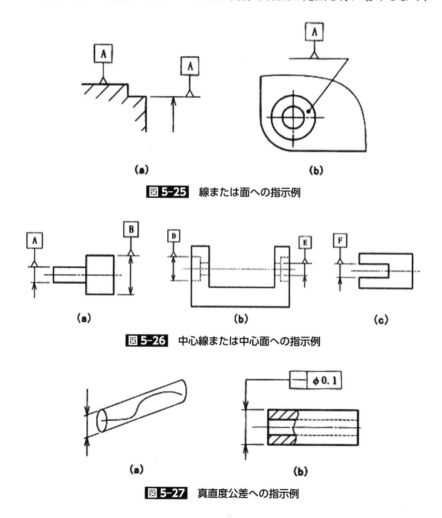

図5-25　線または面への指示例

図5-26　中心線または中心面への指示例

図5-27　真直度公差への指示例

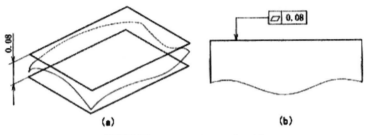

図 5-28　平面度公差への指示例

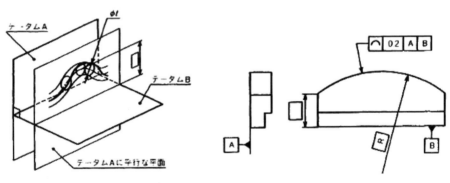

図 5-29　線の輪郭度公差への指示例

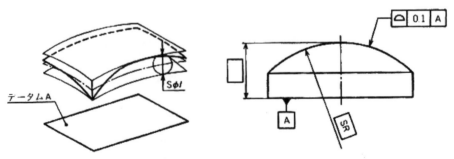

図 5-30　面の輪郭度公差への指示例

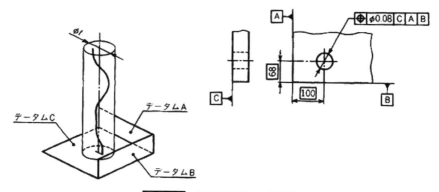

図 5-31 位置度公差への指示例

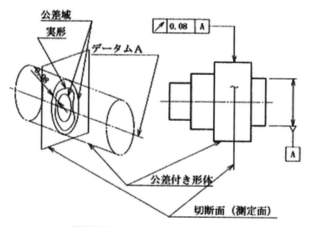

図 5-32 円周振れ公差への指示例

軽々な判断をしないように心がける。図 5-27〜図 5-32 は具体的な幾何公差の指示例である。

第6章

補足資料

第3章及び第4章では図面の解読の手順を示したが、この章の練習問題には手順がない。不明な点は第3章の類似問題を参考にしてほしい。等角投影図は描く方向により表現できる範囲が変化し、図から受けるイメージも異なり、描く方向の選択も重要な要素となる。解答に示した作図方向は一例にすぎない。

6-1 練習問題

例題を20問集めた。本文中にある問題より機械製図の図面をより実態に合わせ2面で構成する例を増やしている。

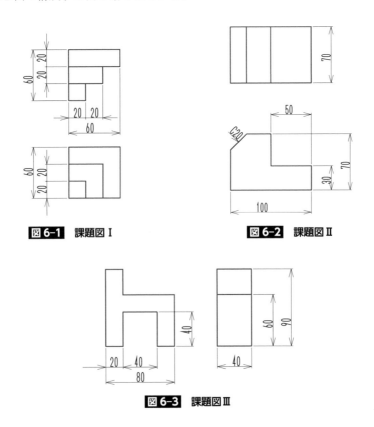

図6-1 課題図Ⅰ

図6-2 課題図Ⅱ

図6-3 課題図Ⅲ

第6章 補足資料

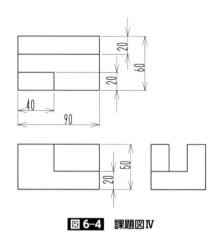

図6-4 課題図Ⅳ

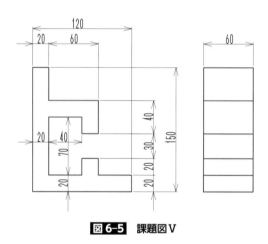

図6-5 課題図Ⅴ

113

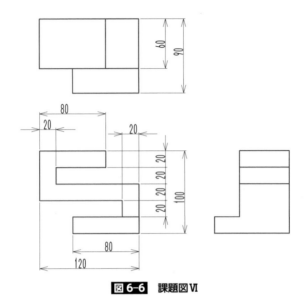

図 6-6 課題図 Ⅵ

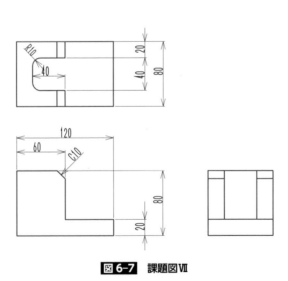

図 6-7 課題図 Ⅶ

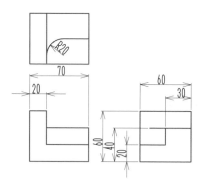

図 6-8 課題図Ⅷ

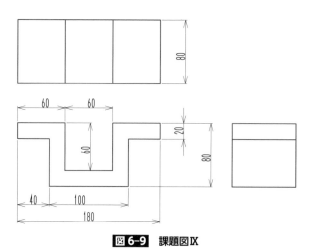

図 6-9 課題図Ⅸ

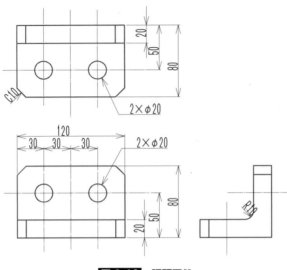

図 6-10 課題図 X

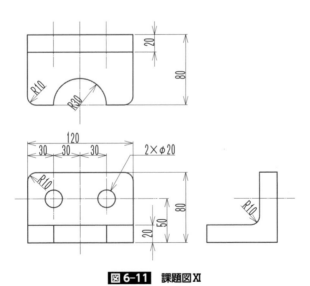

図 6-11 課題図 XI

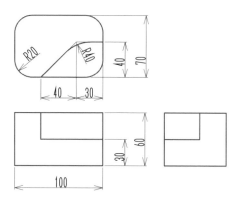

図6-12 課題図XII

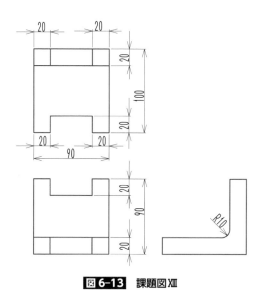

図6-13 課題図XIII

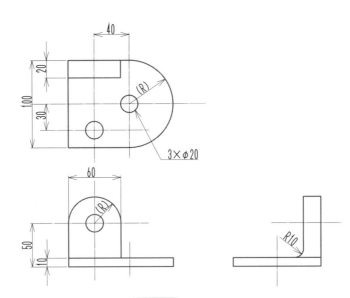

図 6-14　課題図 XIV

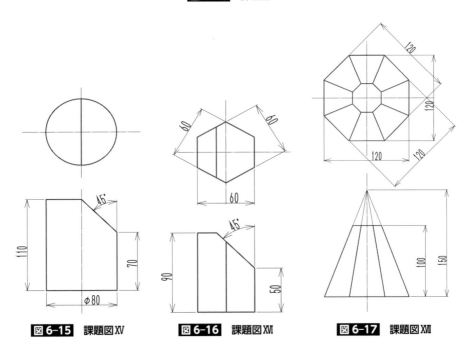

図 6-15　課題図 XV　　　図 6-16　課題図 XVI　　　図 6-17　課題図 XVII

第6章 補足資料

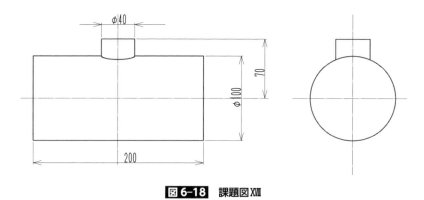

図6-18 課題図XVIII

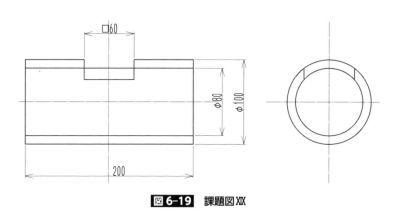

図6-19 課題図XIX

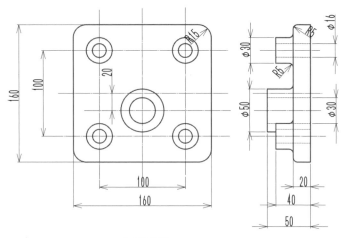

図6-20 課題図 XX

6-2 解答例

　いくつかの問題には描く方向を変えて、複数つの解答を描き、方向によりイメージが異なることを示した。

図6-21 解答図 I

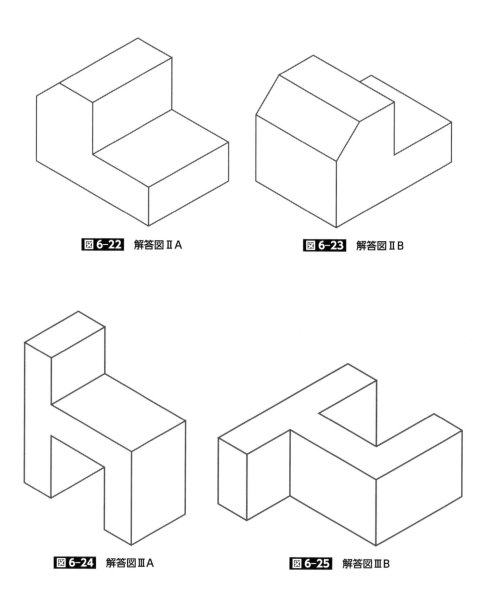

図 6-22　解答図ⅡA

図 6-23　解答図ⅡB

図 6-24　解答図ⅢA

図 6-25　解答図ⅢB

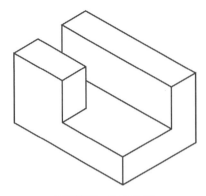

図 6-26 解答図ⅣA

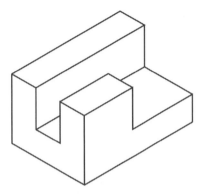

図 6-27 解答図ⅣB

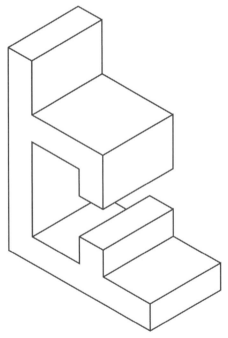

図 6-28 解答図Ⅴ

■第6章　補足資料

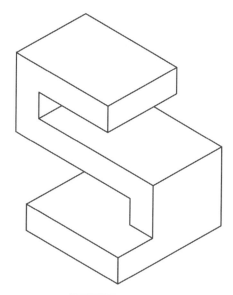

図 6-29 解答図Ⅵ

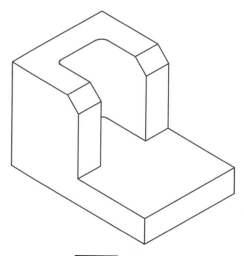

図 6-30 解答図Ⅶ

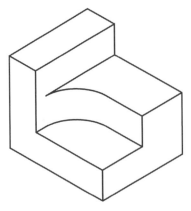

図 6-31 解答図 ⅧA

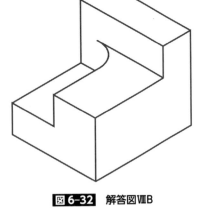

図 6-32 解答図 ⅧB

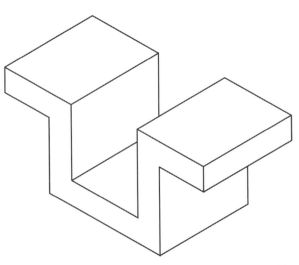

図 6-33 解答図 Ⅸ

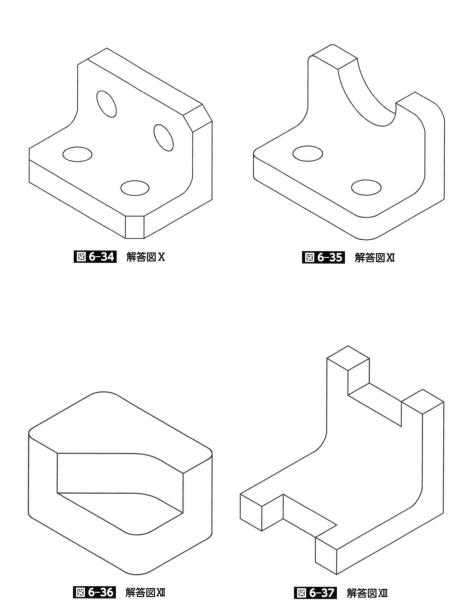

図 6-34 解答図 X

図 6-35 解答図 XI

図 6-36 解答図 XII

図 6-37 解答図 XIII

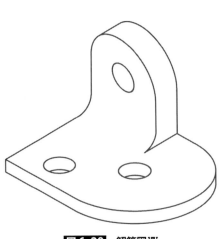

図 6-38　解答図 XIV

図 6-39　解答図 XV

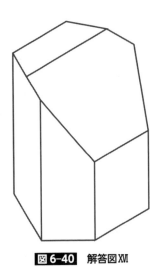

図 6-40　解答図 XVI

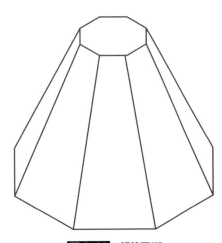

図 6-41　解答図 XVII

■第6章　補足資料

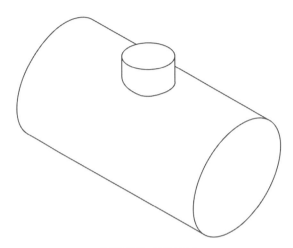

図 6-42　解答図 XVIII

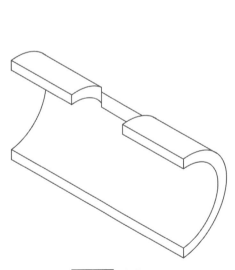

図 6-43　解答図 XIX

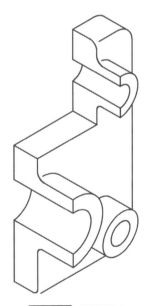

図 6-44　解答図 XX

127

索　引

〔英文〕
(R) ……………………………………… 62
IT 基本公差 ……………………………… 88

〔あ〕
一般構造用圧延鋼材 ……………………… 96

〔か〕
機械構造用炭素鋼剤 ……………………… 96
幾何公差 ………………………………… 103
キャビネット図 …………………………… 21
共通接線 …………………………………… 24

〔さ〕
ざぐり ……………………………………… 77
算術平均粗さ …………………………… 102
しまりばめ ………………………………… 91
斜方眼紙 …………………………………… 23
すきまばめ ………………………………… 91
図形の省略 ………………………………… 66
寸法 ………………………………………… 86
寸法公差 …………………………………… 86
正投影 ……………………………………… 19

接線 ·· 25
全断面図 ·· 73
線の種類 ··· 2
線の太さ ··· 2
線の優先順位 ··· 2
線の用途 ··· 3

〔た〕
対象図示記号 ··· 67
重複寸法 ··· 29
投影 ··· 18
等角投影図 ··· 20

〔な〕
ねじ製図 ··· 95

〔は〕
はめあい ··· 90
表面性状 ·· 101
深ざぐり ··· 79
普通公差 ··· 87
平行投影 ··· 19

〔や〕
溶接記号 ··· 98
要目表 ··· 95

〔ら〕
稜線 ………………………………………………… 15

〈著者紹介〉

河合　優（かわい　まさる）

1949年	愛知県に生まれる
1972年	豊田工業高等専門学校電気工学科卒業
1976年	小島プレス工業株式会社入社
	生産設備開発を中心に多様な職場を経験
1986年	一級機械製図技能士　職業訓練指導員
1990年～98年	機械製図部門　技能検定委員　愛知県職業能力開発協会
1996年～98年	技能グランプリ　機械製図部門全国第二位
2003年～	職業大（略称）　職業訓練指導員の訓練講師（機械製図）
2006年～12年	豊田高専　非常勤講師、特命教授を歴任
2012年～17年	名城大学理工学部非常勤講師「機械設計2」
2017年～	愛知総合工科高校専攻科非常勤講師

主な著書

「自動化設計のための治具・位置決め入門」　日刊工業新聞社
「機械製図CAD作業技能検定試験突破ガイド」　日刊工業新聞社
「機械製図CAD作業技能検定試験　1、2級　実技課題と解読例」　日刊工業新聞社
「きちんと学ぶレベルアップ機械製図」　日刊工業新聞社
「機械製図CAD作業技能検定試験　1、2級　実技課題と解読例」第2版　日刊工業新聞社

シッカリわかる図面の解読と略図の描き方
機械図面の図形線をきちんと読み取って正しい略図を描く　NDC 531.9

2019年2月18日　初版1刷発行　　　　　　定価はカバーに表示してあります。

　　　　　　Ⓒ 著　者　河合　優
　　　　　　　発行者　井水　治博
　　　　　　　発行所　日刊工業新聞社
　　　　　　　　　　〒103-8548　東京都中央区日本橋小網町14-1
　　　　　　　　　　電　話　書籍編集部　03-5644-7490
　　　　　　　　　　　　　　販売・管理部　03-5644-7410
　　　　　　　　　　FAX　　　　　　　　03-5644-7400
　　　　　　　　　　振替口座　00190-2-186076
　　　　　　　　　　URL　　http://pub.nikkan.co.jp/
　　　　　　　　　　e-mail　info@media.nikkan.co.jp
　　　　　　　　　　印刷・製本──美研プリンティング(株)

落丁・乱丁本はお取り替えいたします。　　　　　2019 Printed in Japan
ISBN 978-4-526-07934-4　C3053
本書の無断複写は、著作権法上の例外を除き、禁じられています。